JN306987

白熱洋酒教室

杉村啓

絵＝アザミユウコ

星海社

74

SEIKAISHA SHINSHO

Chapter 1　第1章　オリエンテーション

いらっしゃいませ
きょろ
きょろ
全然知らないお酒ばかり…
何かお作りしましょうか?
どうしよう…
どれを頼んでいいのかわからない…
すっすみません!!
オロ
オロ
そっそのお酒を…
ついいきおいで注文してしまい
!!
イメージと全然違う…

というコトがあったんですよ
それ以来足が遠のいたままで…
あらら
バーを楽しめないまま出てきちゃったのね
むむ先生の知り合いで洋酒に詳しい人いませんか？
いろいろ教えてもらいたい
ココにいるじゃないですか
ココに
あれむむ先生って日本酒専門なのでは…？
？
白熱日本酒教室よろしくね！
この私むむ先生が
ポチ

洋酒について知らないとでも？
BACARDI SPICE
RONRIGO
BOURBON
HIBIKI
BACARDI
JIM BEAM
余市

V.S.O.P
X.O
V.S.O.P
V.O
AUCHROISE
Otard.
XO
MARTELL
JACK DANIELS
鶴

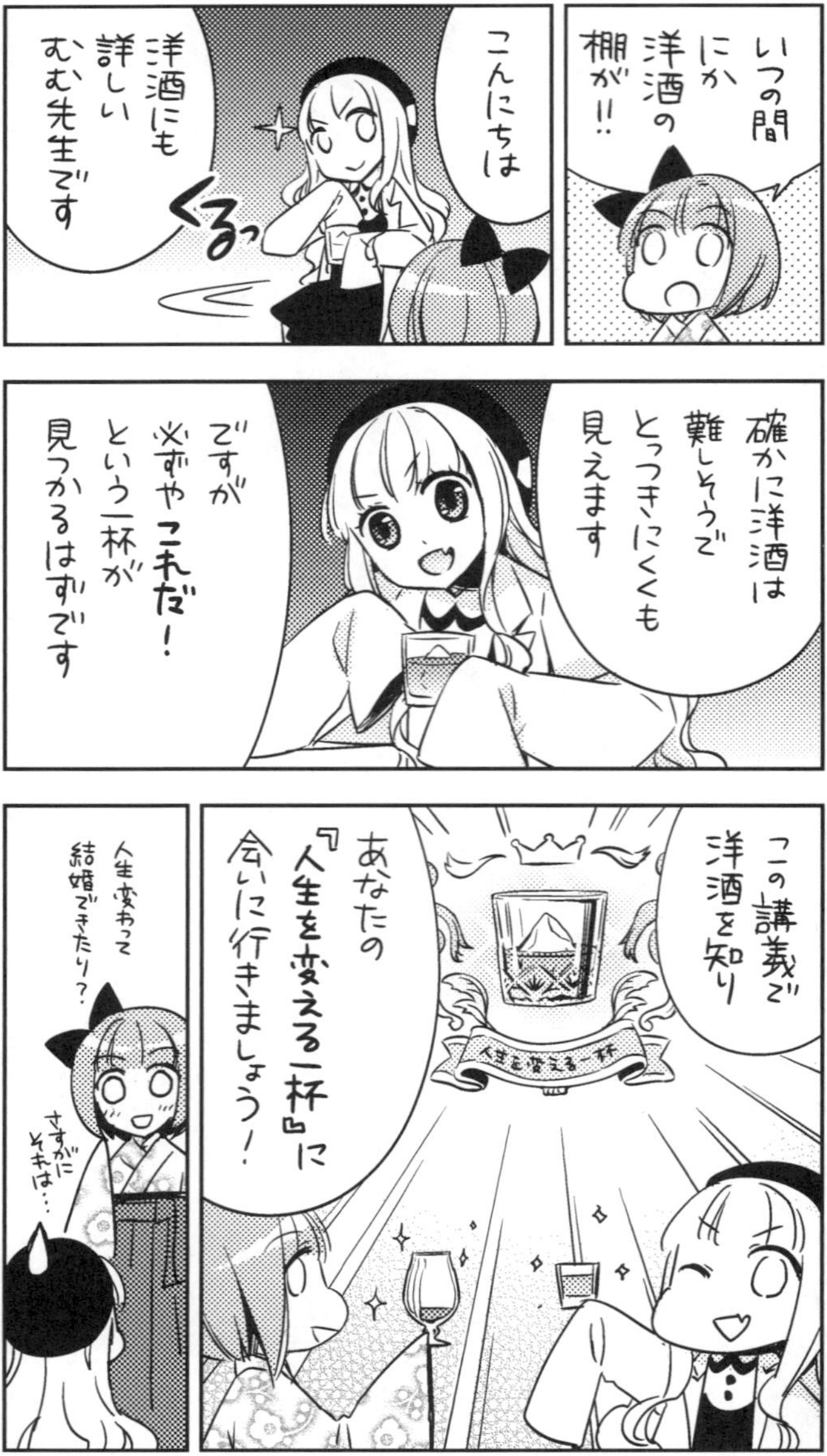
いつの間にか洋酒の棚が!!
こんにちは
洋酒にも詳しいむむ先生です
くるっ
確かに洋酒は難しそうでとっつきにくくも見えます
ですが必ずやこれだ!という一杯が見つかるはずです
この講義で洋酒を知り
あなたの『人生を変える一杯』に会いに行きましょう!
人生を変える一杯
人生変わって結婚できたり?
さすがにそれは…

一時間目

Lesson 1

きっとあなたも洋酒が好きになる！

はじめての方ははじめまして。おひさしぶりの方はおひさしぶりです。お酒のことなら何でもおまかせの、むむ教授です。ようこそ白熱洋酒教室へ！

この講義では全二十四時間にわたって「どうしたら洋酒を楽しめるようになるか」について語っていきます。日本を含む東洋のお酒ではない、西洋から伝わったお酒を「洋酒」といいます。ウイスキーやウォッカ、ワインやビールなど、たくさんの種類がありますね。ウイスキーに興味があるけれどもよくわからない。洋酒は好きなんだけれども漠然と飲んでいて詳しいことはあまりよくわかっていない。なんとなく飲んでみたら、あまりおいしいとは思わなかったんだけれども、みんながおいしそうに飲んでいるから気になる。そういう「洋酒」初心者の方に向けての講義です。一緒に洋酒について学んでいきましょう。

今回の講義では、洋酒の中でも「蒸留酒」について話していきます。ワインやビールについてのお話を聞きたいと思った方、申し訳ありません。そして、現時点では「蒸留酒」

と言われてもピンとこない人がいるかもしれません。これに関しては二時間目できっちりと説明をいたしますので、今はアルコール度数が高いお酒と思ってください。日本のお酒だと焼酎や泡盛、洋酒だとウイスキーやラム、ブランデー、ジン、ウォッカなどが代表的な蒸留酒です。

蒸留酒のお話に本格的に入っていく前に、一時間目ではオリエンテーションとして、ひとつ質問をいたします。

「蒸留酒は苦手ですか?」

より正確に質問をするならば、

「カクテルやハイボールのような炭酸水で割る飲み方ではなく、ストレートで飲む蒸留酒は苦手ですか?」

ここで「いいえ」と答えた方。すばらしいです。蒸留酒の飲み方をわかっていることと思います。そういう人にとっては、この本はどうしてそのお酒を自分はおいしく感じているかの答え合わせのような感覚で読んでいただけるでしょう。

そして、「はい」と答えた方。まさにそういう人にこそ、この本を読んでもらいたいと思います。蒸留酒が苦手と感じることは別に恥でも何でもありません。それどころか、いま蒸留酒が好きという人の中でも、最初は苦手だったという人がほとんどなのです。

洋酒の蒸留酒は、もともと日本とは異なる風土、食文化で生まれたお酒です。海外の人で日本の納豆が苦手な人がいるように、海外のお酒を我々が苦手と思うことは、ごくごく当たり前のことなのです。たとえそれが日本で造られたものであったとしても、洋酒を全く何の先入観なく飲んでみておいしく感じられるという人は少ないのですね（もちろん、最初からおいしく感じられる人もたくさんいますけれども）。

ただここでちょっと気づいて欲しいのは、洋酒の蒸留酒は世界中で飲まれている、愛好家の多いお酒だということです。苦手意識をなくし、どんな飲み方でも飲めるようになれば、これほどおいしいものはなかなかありません。文字通り新しい世界が広がり、今後のお酒ライフが楽しくなること請け合いです！

本当に洋酒が苦手な自分でも飲めるようになるの？と思う人もいるでしょう。大丈夫。なります。蒸留酒はどうしてもアルコール度数が高く、刺激が強いお酒です。そのため、最初に口にしたときには味わうどころではなく、癖の強さにやられてしまうことも少なくありません。でも、きちんとした飲み方でじっくりと味わっていけば、だんだんとお酒のさまざまな味がわかってくるのです。そうして飲んでいくと、あるときに「これだ！」という一杯に必ずや出会えることでしょう。洋酒が好きな人のほとんどは、この「人生を変える一杯」に巡り会って洋酒好きになっているのです。

面白いことに、「人生を変える一杯」は、今までのお酒を飲んだ経験、飲むお店などのタイミングやシチュエーションが非常に重要になってきます。以前に飲んだことがあっても、このお店で飲ませてもらったらびっくりするほどおいしかった！　本当にこれは同じお酒なの⁉　ということがあるのですね。

本講義の究極的な目標は、皆さんに「人生を変える一杯」と出会っていただくことです。そして洋酒が好きになってもらうことです。この出会いによって、洋酒の蒸留酒をストレートでも何でも楽しめるようになり、お酒がもっともっと好きになるでしょう。

とはいっても、ものすごく専門的なことを覚える必要はありません。どうやって飲んでいけば効率良く経験を積めるのか、いつか出会うであろう「人生を変える一杯」を逃さないで済むのか。そこに必要な知識のお話をしていきます。

今回の講義ではウイスキー、ラム、ブランデーの3種類のお酒を例にして、蒸留酒の楽しみ方や味わい方を学んでいきます。もちろん他にも蒸留酒はたくさんありますが、この3種類に限定したのは、これらのお酒が手に入りやすかったり、意外と身近だったりするからです。さらには、この3種の飲み方を学べば、自ずと他の蒸留酒についても味わうことができるようになるからです。

奥深く面白い、洋酒の世界へようこそ！

一時間目

Lesson 1

まとめ

洋酒の蒸留酒は、
とっつきにくいと思う人が多い

でも世界中に愛好家のいる、
おいしいお酒であることも
間違いない

実はいま苦手な人でも、
おいしく飲めるようになる
可能性がある

どうやって飲んでいったら
いいのかを見ていこう

「人生を変える一杯」と出会えば、
お酒がもっともっと好きになる!

目次

第3章 ［ラム編］ ラムは飲んで楽しくなるお酒

むむ教授（むむ先生）
見た目はかわいらしいが、お酒はめっぽう詳しいぞ！『白熱日本酒教室』も好評発売中！

助手
むむ教授に見いだされて助手になる。お酒好きで、ただいま鋭意勉強中！

第4章 ［ブランデー編］

ブランデーはリラックスするためのお酒 140

第5章

洋酒と素敵な出会いをしよう 188

ーは時間を楽しむお酒

ウイスキーといえば子供のころこんな思い出が…
パパーなに飲んでるの？
助手10才
ああウイスキーだよ
香りかいでみるか？
飲んじゃだめだぞ
うん
なんかくさーい…
子供にはまだ早いよ

けむたくて なんとも言えない 香りが 忘れられなくて
ウイスキー苦手に なっちゃいました
ああ…
さては 飲まず嫌いだな
意識して飲んだこと ないです
ハイ…
ウイスキーは 何度かトライしてみるうちに 新しいおいしさが見つかってくる 不思議なお酒
星海
また 蒸留酒は 度数が高いので 水割りから 試してみるのも 一つの手です
蒸留酒って
ワインや 日本酒とは どこが違うんですか？
あまり よく知らない…
そこから 説明して いきます！

二時間目

Lesson2

ウイスキーってどんなお酒なの？

蒸留酒を楽しむべく、ここからは飲みながら学んでいきましょう。手始めに洋酒の王様ともいえるウイスキーを例にして、蒸留酒とはどういうものなのか、どうやって飲んでいくとおいしく味わえるのかという話をしていきます。いわば、蒸留酒の基本をウイスキーで学ぼうということですね。ここで学んだことは、他の蒸留酒を飲むときにも役立ちます。他のお酒のお話をいち早く知りたいという人も、まずはじっくりとウイスキーと向き合ってみましょう。

最初に学ぶのは、ウイスキーとはどういうお酒なのか、そもそも蒸留酒ってどういうお酒なのか、です。お酒にはいくつか種類があり、中でも蒸留酒は少し特殊でアルコール度数も高いものが多いです。その特性を見ていくことにしましょう。

ウイスキーは「蒸留酒」

お酒は大きく分けると「醸造酒」「蒸留酒」「混成酒」の3つがあります。ウイスキーは「蒸留酒」です。醸造酒と蒸留酒にはどのような違いがあるのでしょうか。まずはそこから見ていきます。ちなみに混成酒は、醸造酒や蒸留酒にハーブなどを漬け込んだものなので、今回は説明を省略いたします。

醸造酒とは?

醸造酒はお酒の基本と言ってもいいかもしれません。原料を酵母で発酵させてできるお酒、それが醸造酒です。例えば麦を発酵させるとビールになりますし、米を発酵させると日本酒に、ブドウを発酵させるとワインになります。「発酵してお酒ができあがる」というイメージは、全て醸造酒のものです。

ここでのポイントは「糖を発酵させるとアルコールと二酸化炭素になる」です。これがアルコール発酵の根本といっても差し支えありません。ビールのように炭酸が含まれているお酒は、発酵のときに生じた二酸化炭素をそのまま閉じ込めているのです。

醸造酒でのもうひとつのポイントは、アルコール濃度です。アルコールを生み出す酵母は、ある程度以上のアルコール濃度になると死んでしまいます。そもそもアルコールは消毒にも使われるほど殺菌力がありますよね。自分で生み出したものによって殺されてしまうというのも変な話に思えますが、ともかくそのおかげで醸造酒は一定以上のアルコール濃度にはならないのです。世界で一番アルコール度数の高い醸造酒である日本酒でも、だいたい15度ぐらいですし、ワインは13度や14度、ビールは5度ぐらいです。

蒸留酒とは?

一方の蒸留酒は、発酵でできあがるわけではありません。まず醸造酒を造り、それを蒸留することでできあがります。おおざっぱに言ってしまうと、ビールを蒸留すればウイスキーになり、ワインを蒸留するとブランデーになり、日本酒を蒸留すると米焼酎になると思ってください。

何故蒸留をするのか。それは、蒸留することで醸造酒ではありえない高いアルコール濃度のお酒を造ることができるからです。15度ぐらいまでにしかならない醸造酒に対し、蒸留酒はどこまででもアルコール度数を高めていくことができます。99度以上という、ほとんどアルコールしか残っていないようなお酒を造ることすらできるのです。

蒸留酒の原理自体は簡単です。水の沸点は100℃です。そして、醸造酒に含まれるアルコール（エタノール）の沸点は78・3℃です。約80℃まで加熱すれば水はそのままにエタノールだけ蒸発するので、出てきた蒸気を集めて冷やせば純粋なアルコールのみを取り出せる。これが蒸留酒です。でももちろん、実際はそんな単純なものではありません。

まず第一には、1回で100％のアルコールを取り出すことは不可能ということです。容器全体が均一に温まるわけではないので、一部では80℃でも別の部分が100℃になります。特に火が直接当たっている部分がそうですね。そうなると、出てくる蒸気はアルコールだけではなく水もたくさん含まれたものになります。

第二には、蒸留しても香りの成分はたくさん含まれるということです。理科の実験のような蒸留を考えると不純物を取り除くのが目的なので、余分なものは一切入っていないような印象を受けます。しかし実際には、醸造酒にはさまざまな香り成分が入っていて、蒸留してもかなり残ります。香り成分は気体ですから、蒸気を逃がさないようにする蒸留器でも当然外に逃げていかず、できあがるお酒に再び溶け込むのですね。このため、元の醸造酒の違いによって、できあがる蒸留酒の味わいや香りが変わってくるのです。

以上のことから、蒸留酒は1回蒸留したものと、複数回蒸留したものとでは味わいが違うというのが何となく想像できるのではないでしょうか。1回の蒸留では水分がまだ残っていても、何度も蒸留していけばそれだけ水分の含有率は減り、より純粋なアルコールに近くなっていきます。一方の香りの成分なども、元のお酒に残る部分が多少ありますので、蒸留を繰り返せば繰り返すほど減っていきます。蒸留回数は少ないほど個性が良くでた味に、多いほどすっきりとした味わいになるのです。

できあがったばかりの蒸留酒は70度以上にもなりますが、製品になる段階で水を加えたりして度数を調整します。実際に販売されるものは、だいたい25度から40度ぐらいのものが多くなっています。

ウイスキーは蒸留酒です。元のお酒は、大麦や穀類を発酵させたものです。ビールを蒸留させたものというと、正確ではないのですが、イメージしやすいでしょう。ただ蒸留するだけでなく、できあがった蒸留酒を樽の中で熟成させて完成します。どのように蒸留させたのか、何から造った醸造酒を蒸留しているのか、どう熟成させるかによって味わいが変わっていきます。

複雑なウイスキーの分類法

ウイスキーと一言でいっても、種類がたくさんあります。原材料による分類や、産地による分類、ブレンドによる分類、使う蒸留器による分類などがあります。まずはここを整理していきましょう。

1 産地による分類（世界の五大ウイスキー）

まず覚えておきたいのが、産地による分類です。なぜなら、ウイスキーの中には「ウイスキー」と直接名前がついていないものがあるからです。お酒に慣れた人は「ああ、これもウイスキーだ」とすぐにわかりますが、知らない人にはわからないものです。体系的にウイスキーを学ぶためにも、代表的な産地を見ていきましょう。

ウイスキーが造られる地域はそれほど多くはありません。それでも、一説には70カ国以上で造られているとか。その中でも、特に品質などが優れた地域が5つあります。そこで造られているのが「五大ウイスキー」です。イギリスのスコットランドとその周辺の島々を中心とした「スコッチ・ウイスキー」、アイルランドおよびイギリス領北アイルランド、つまりはアイルランド島で造られている「アイリッシュ・ウイスキー」、北米の「アメリカン・ウイスキー」と「カナディアン・ウイスキー」、そして日本の「ジャパニーズ・ウイスキー」です。ウイスキーを省略して「スコッチ」のように呼ばれることもあります。そう、スコッチはウイスキーの一種だったのですね。細かい違いは置いておいて、まずはおおざっぱに特徴を把握しましょう。

（表1）

「スモーキーフレーバーが特徴のスコッチ」

スコットランド地方で造られているウイスキーをスコッチといいます。特徴としては、ピート（泥炭）を使った燻煙による薫香でしょうか。大麦麦芽を乾燥させるときにピートを燃やして、煙で燻します。このときの香りが大麦麦芽に移り、それは発酵しても残り、蒸留してもそのまま残ります。これが、スコッチ独特のスモーキーフレーバーとなるのです。世

名　前	国　名	特　徴
スコッチ	イギリス	スモーキーフレーバー
アイリッシュ	アイルランド、イギリス	すっきりした軽さ
アメリカン	アメリカ	甘い風味。「バーボン」
カナディアン	カナダ	おとなしめ。ライト。
ジャパニーズ	日本	スモーキーフレーバー。日本食にも合う

表1

界で最も飲まれているウイスキーといっていいでしょう。

[すっきりした軽さのアイリッシュ]

アイルランド島で造られているウイスキーはアイリッシュです。すっきりとした軽さが特徴で、スコッチとは異なり、ピートを使っていません。蒸留も、スコッチの2回に対して3回行うのが基本です。スモーキーフレーバーがないので、原材料の芳醇な香りを味わいやすく、口当たりがなめらかなものが多くなっています。

[甘い風味が特徴のアメリカン]

アメリカにウイスキーが伝わったのは、スコットランドやアイルランドからの移民経由です。でも、酒税法の違いや、取れる農作物の違いなどで、スコッチやアイリッシュとは異なるタイプのウイスキーに進化していきました。代表的なのが「バーボン」でしょう。

バーボンはとうもろこしを使い、新しいホワイトオークで作られた樽（新樽）を使って2年以上熟成させたウイスキーです。とうもろこし由来の甘さがほんのりとあるのが特徴でしょうか。また、新樽は樽の内側をしっかりと焦がしているため、強いバニラ香が特長です。

［おとなしめでライトなカナディアン］

カナダのウイスキーは、ライ麦ととうもろこしで造られるものが多く、蒸留回数も多めです。ベースのお酒がすっきりしているため、できあがるウイスキーもおとなしく、ライトな味わいが多いです。少しややこしいのが、フレーバリングです。ライ麦で造られた、癖のあるウイスキーをフレーバリングウイスキー（香味をつけるためのウイスキー）と呼び、とうもろこしなどで造られたすっきりとしたウイスキーをベースウイスキーと呼びます。カナディアン・ウイスキーはこれをブレンドしているのですね。このフレーバリングに、ワインやブランデーといったウイスキー以外のお酒を加えることがあります。

［スコッチを踏襲したジャパニーズ］

日本のウイスキーは、スコットランドに留学した竹鶴政孝《たけつるまさたか》氏によって始まりました。そのため、スコッチの製造技術を取り入れています。つまり、ピートを用いているのでスモーキーフレーバーのあるウイスキーなのです。もちろん、その中でも日本食に合うよう、さまざまな工夫が凝らしてあります。現在では、日本人の口に合わせたライトピート（あまりピート香がしない）、ライトスモーキーなものが主流です。

2 原材料による分類（モルトウイスキーとグレーンウイスキー）

ウイスキーの原材料として使われるのは大麦、小麦、ライ麦、とうもろこしなど。これらをどのように使うかによって、ウイスキーの味わいは変わります。まず覚えておきたいのは、モルトウイスキーとグレーンウイスキーの違いです。

モルトウイスキーは原材料が大麦だけのウイスキーです。モルトは麦芽という意味なので、大麦麦芽だけで造られたウイスキーと覚えましょう。大麦麦芽を発酵させて醸造酒を造り、単式蒸留器という機器を使って2回蒸留します。蒸留の回数が少なく、また単一の材料だけを使っているので、非常に風味が強く出ます。そのため、ラウドスピリッツ（大きい声の蒸留酒）」ともいわれます。

一方のグレーンウイスキーは、大麦麦芽だけではなく、とうもろこしや小麦、ライ麦などを使って造られます。できあがった醸造酒を連続式蒸留機を使って何度も蒸留します。蒸留の回数が多いため、風味は軽く、穏やかなのでサイレントスピリッツ（沈黙の蒸留酒）といわれます。

ここで少し注意深い人は、「じょうりゅうき」に2つの表記があったことに気づいたかもしれません。必ずしもこうしなければならないというわけではないのですが、通例として単式蒸留器は「蒸留器」、連続式蒸留機は「蒸留機」と表記するのです。単式蒸留器は文字通り1回だけ蒸留を行うもので、ポットスチルという蒸留釜を使っています。連続式蒸留機は単に複数回蒸留するというイメージとは少し異なり、平べったい蒸留機が何十層にも重なっていて、ちょっとしたビルのような高さがあります。コフィーという人が発明して特許（パテント）を得たので、コフィースチルもしくはパテントスチルと言います。

グレーンウイスキーが誕生したときには、残念ながらそのまま飲むには風味が弱いというよりは乏しいものでした。そこで、力強い味わいで香りも強いモルトウイスキーを混ぜることが考えられるようになりました。これが「ブレンデッドウイスキー」です。ブレンデッドウイスキーは非常にバランスのとれた味わいで、なおかつ均一の味わいを大量に生産できるようになったため、ウイスキーが世界に広がるきっかけにもなりました。

ちなみに、モルトウイスキーの中にもいくつか種類があります。まずは「ピュアモルト」。これは原料がモルトのみのウイスキーを指しています。つまり、モルトウイスキーですね。

つぎに、「シングルモルト」を覚えておきましょう。これは、一つの蒸留所のモルトから造られたウイスキーのことをいいます。ポイントなのは、複数のモルト原酒をブレンドしているところですね。ということは、複数の蒸留所のモルト原酒をブレンドしたウイスキーもあるの?と思う方もいるでしょう。それが「ヴァッテッドモルト」です。スコットランドの蒸留所ではお互いの原酒を融通しあってブレンドすることがあるとか。ヴァット(Vat)は醸造用の大桶のことで、この桶に入れて混ぜ合わせるところからきています。ただ、これはかなりややこしく、シングルモルトのような複数のモルト原酒を混ぜ合わせることもヴァッティングというので混同してしまいがちです。そのため、2006年にスコッチウイスキー協会からヴァッテッドモルトではなく「ブレンデッドモルト」と呼ぶようにしましょうという通達が出ています。

蒸留所ではなく、一つの樽のみから造られたウイスキーのことを「シングルカスク」といいます。シングルモルトは一つの蒸留所の原酒を複数混ぜて造ったもので、シングルカスクは混ぜていないと覚えておくといいでしょう。

もちろんここに挙げた内容は全てのウイスキーに当てはまるわけではありません。同じ国の中でも、さまざまな銘柄があります。例えばアイリッシュウイスキーは3回蒸留とピートを使わないのが特徴ですが、最近ではスコッチと同じようにピートを使ったり、2回蒸留のものも登場しています。なので、大まかにこういう傾向がある、と思っていただければいいです。

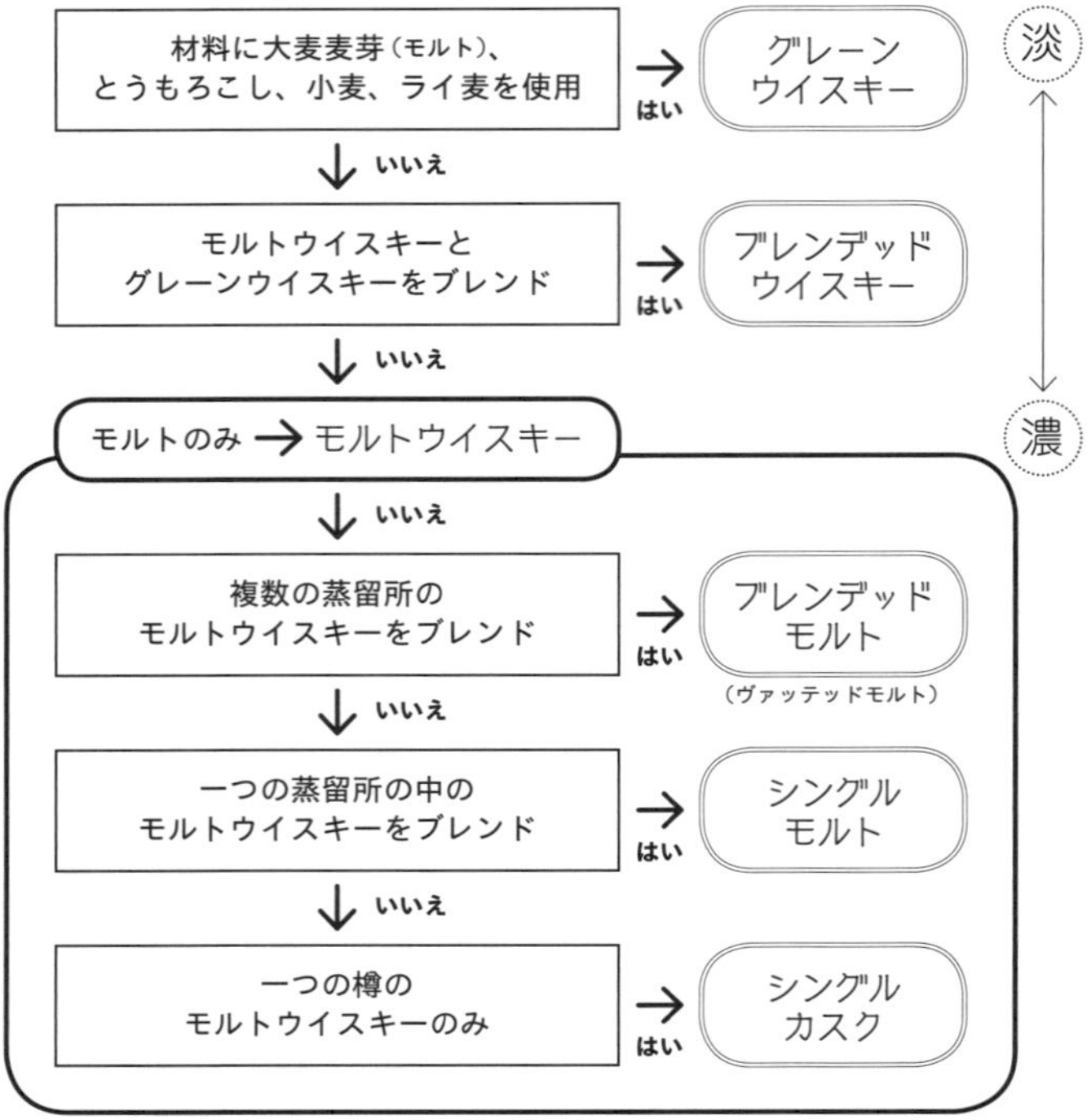

二時間目

Lesson2

まとめ

ウイスキーは蒸留酒

蒸留酒は蒸留回数が多いほど
アルコール度数が高く、
香りがすっきりする

ウイスキーは
産地と原材料で
おおまかに分類できる

産地では
五大ウイスキーに分けられる

原材料では
モルトウイスキーと
グレーンウイスキーに分けられる

三時間目

Lesson3

どうしてウイスキーはとっつきにくいの？

ウイスキーの種類は多彩で、複雑です。その一端を学んだ後は、本格的に味わっていきましょう。三時間目の最初に考えたいのは、なぜウイスキーのような洋酒はとっつきにくいと感じることが多いのか、ということです。そこがわかれば、洋酒を楽しむコツが見えてきます。

ウイスキーの魅力が最大限に出るのはストレート

ウイスキーの魅力を最大限楽しむための飲み方は、何も加えずにストレートで飲むことです。いや、水割りがいいだろうとか、オン・ザ・ロックスがいいとか、ハイボールがいいとか、そもそもどんな飲み方でもいいじゃないとか、いろいろ意見を持っている人もいるでしょう。そしてそれは否定しません。どんな飲み方をしても、おいしいウイスキーはおいしいのです。でも、そのウイスキーの要素全てを味わえるのは、ストレートなのです。

アルコール度数の高い蒸留酒をストレートで飲むことは、昔からの日本でのお酒の飲み方とは少し異なります。どのような飲み方が親しまれてきたのかを見ていきましょう。なお、どうやったらストレートでおいしく飲めるようになるかは五時間目で詳しくお話しします。

日本では食中酒が親しまれている

日本での代表的なお酒といえば、日本酒や焼酎、泡盛です。日本酒は醸造酒、焼酎や泡盛は蒸留酒に分類されますが、これらに共通することは「食事と一緒に楽しむお酒」ということです。つまり食中酒なのですね。

食中酒の条件はさまざまなものがありますが、やはり料理の邪魔をしないことでしょう。そのためには、アルコール度数が高すぎないものが好まれます。アルコール度数が高すぎると、刺激が強すぎるからですね。なので、アルコール度数の高い焼酎や泡盛は水で割って飲まれることが多いのです。

ウイスキーも、水割りやハイボールにすることでアルコール度数を下げると、食中酒として飲みやすくなります。ストレートではあまり飲んだことがないという人でも、水割りやハイボールを食事と一緒に飲んだことがある、という人は多いのではないでしょうか。

でも、やっぱりストレートを楽しむという文化からは少し外れています。

リラックスするために飲むウイスキー

食中酒ではないとすると、ウイスキーのストレートはどういうときに飲まれるのでしょうか。ひとつの答えは、リラックスするために飲む、です。

アルコール度数の高いお酒は、どうしても一気に飲むことができません。そのため、「時間をかけて」「ゆっくりと味わう」ことになります。ここで時間をたっぷりと使って飲むことで、自ずと心は落ち着くことでしょう。さらに加えて、ウイスキーの香りにはリラックス効果があります。食事を終えた後や寝る前に、くつろぎながら、香りを楽しみつつ、少しずつ飲む。このようにウイスキーのストレートは世界中で楽しまれているのです。料理をよりおいしく楽しむという食中酒中心の考えでいると、なかなかリラックスするために時間ごと楽しむという発想が出てきません。

味覚には2種類ある

飲むタイミングや目的が今までの習慣から外れているので、ウイスキーのストレートを苦手に思っている人が多いということをお話ししました。さらにもうひとつ、重要な要素があります。それは、ウイスキーは経験を積んでこそおいしいお酒ということです。

私たちが「おいしい！」と思うものは、みんな同じではありません。たとえば苦いお茶を飲んだときに、ある人は苦くて飲めないと思い、別な人は苦くておいしいと思うことでしょう。味覚には生まれたときからおいしいと感じる「先天的味覚」と、経験を積むことでおいしいと感じる「後天的味覚」とがあるためです。

先天的味覚

味覚の中で「甘味」を感じる能力は、誰にでもあり、しかもおいしいと感じます。これは生きるために必要なカロリーを感じるためです。カロリーが高いものは、総じて「甘い」のです。子供が甘いものを好きなのも、まさに先天的味覚が甘味をおいしいと感じているからなのです。

甘味の他に、旨味や塩味も最初から好ましいと思う味覚です。旨味はタンパク質、塩味はミネラルを感じるからです。どちらも生きていくのに必要な要素ですね。

後天的味覚

一方で、酸味や苦味は後天的味覚です。誰しも子供の頃から、酸味のあるものや苦味のあるものが得意だったわけではないでしょう。これらは人体に有害であると感じているのです。酸味は腐敗、苦味は毒、と認識してしまうのですね。

ただし、これらの味はずっと苦手なままというわけではありません。経験を積み、実は有害ではないとわかると、だんだんおいしく感じるようになるのです。例えば酸味と苦味の合わさったコーヒーなど、子供の頃は苦手だったけれども今は大好き、という人も多いのではないでしょうか。

酸味や苦味の他にも、辛味やスモーキーな香り、いわゆる燻煙香《くんえんこう》などが後天的味覚に属しています。一般には、酸味はティーンエイジャーになるぐらいからおいしいと感じ、苦味はその後で徐々においしいと感じるようになるといわれています。小学生ぐらいのときに、ピーマンなどの苦味をもった野菜が苦手なのは、ある意味当然なのですね。

もうここまできたらおわかりでしょう。苦味があり、燻煙香のあるウイスキーは後天的味覚で味わうお酒です。初めて飲んだ人があまりおいしいと感じなくても、それは当然なのです。甘いお酒が初心者向けといわれているのは、経験が無くてもおいしいと感じる先天的味覚で味わうお酒だからなのです。

味覚を育てる楽しみ

ウイスキーのストレートを楽しむ味覚を育てていくにはどうしたらいいでしょうか。これには4つの方法があります。

1 経験を積む

とにかく飲む回数を増やし、経験を積む。これが重要です。1回目ではわからなかった味も、2回、3回と経験を積むことでわかるようになってくるのです。何度も味わっているうちに、苦味や燻煙香をこれは体に悪いものではないとわかり、繊細な味を区別できるようになっていきます。また、刺激が強い食べものの場合、その刺激に慣れるということも大きいです。カレーを何度も食べているうちに、だんだん味わいがわかるようになり、より辛い味でも平気になっていくことを考えるとイメージしやすいのではないでしょうか。一度にたくさんの量を飲む必要はありません。ちょっとずつでもいいので、頻繁にウイスキーのストレートを飲むことで、味わいがわかるようになります。

2 経験の幅を広げる

一つの味を繰り返し味わうことも大事ですが、幅を広げることも重要です。同じカテゴリの違う味を経験しないと、比較ができないからです。比較をすることで、これはこういう部分が好きだとか、こちらのこういう部分が好きではないとわかるのですね。

より効率良く幅を広げるためには、自分の中で「基準」となる味を決めておくのもいいでしょう。このお酒より甘い、これよりスモーキーな香りが強い、のように比較対象を用意することでより具体的に経験を言語化することができます。

このときには、できるだけタイプの違うものを飲むようにしましょう。たとえばスコッチとアメリカンを飲み比べるなどです。タイプが離れていればいるほど、経験の幅が広がります。

3 情報を頭に入れて味わう

味覚は香りと味だけで決まるわけではありません。見た目や食感、食べたときの音などの五感で味わう他に、もう一つ重要な要素があります。それが記憶です。

後天的味覚の正体は、味わいの記憶です。苦手だった酸味や苦味が好きになるのは、それを食べておいしかったという経験が重要なのです。例えば酸味が苦手なときに、お寿司を食べておいしいと感じたとしましょう。すると「この酸っぱさは、いい酸っぱさだ！」という経験を得ます。他のお酢を使った料理を食べたときに「この酸っぱさは、前に味わったことがある。いい酸っぱさだ！」と記憶がよみがえり、おいしいと感じるようになるのです。

ウイスキーのストレートを飲むときに、ひとつだけ問題があります。それは、ウイスキーがあまりにも情報量が多いお酒だということです。特に香りの種類が豊富すぎて、個別の香りがわかりにくいのです。なので、最初はプロのコメントに従うようにしましょう。それは本に載っている情報でも、バーテンダーさんに教わったことでもかまいません。このウイスキーはこういう香りがする、ということを教わりながら味わうのです。例えばバニラのような香りがすると言われたとしましょう。最初のうちは「いわれてみればそんな香りがする気がする」程度でかまいません。香りに対する経験を積んでいくことで、「この香りは前にも味わったことがある。これはあのウイスキーからしていた香りだ。じゃあ、このウイスキーも前のと同じようにバニラの香りがするんだ」ということがわかるのです。ここまでくれば「バニラの香り」に対する味覚が育ち、存分に味わうことができるようになっています。

このように、今から飲むウイスキーはどういうお酒かという情報を頭に入れて味わうことで、より味覚は育っていきます。

4 人生を変える一杯に出会う

例えば子供の頃ににんじんが苦手だったとします。今まで全然食べられなかったのに、お母さんがわからないように細かく刻んでハンバーグに混ぜてくれた。知らずにハンバーグを食べた後に実はにんじんが入っていたと明かされ、それ以来にんじんが食べられるようになった。こんな話を聞いたことがあると思います。ここに大きなヒントがあります。

今まで飲んできたものはなんだったんだ！と思えるような一杯。そんな一杯に巡り会えたら、そのときからもうウイスキーが飲めるようになります。ようは、ハンバーグのような役割を果たす一杯ですね。コツコツ積み上げてきた経験をベースに、全ての苦手意識をぴょーんと飛び越えてくれるのです。

今までの経験の蓄積からくるレベルアップで味がわかるようになったのか、はたまた自分にとってあまりにも味覚がぴったりすぎるのか。脳が「これはおいしい！」と思う一杯があるのです。身の回りのウイスキーや洋酒の蒸留酒が好きな人に聞いてみるといいでしょう。ほとんどの人が「そういえば、昔は苦手だったんだけれども、〇〇というＢＡＲで飲ませてもらったお酒が衝撃的においしくて。それ以来飲めるようになったんだ」というお話を持っていると思います。

この一杯に出会えれば、もう大丈夫です。でも、そう簡単に会えるわけではありません。したがって、頻度を高めて経験を積み、いろいろな種類を飲んで幅を広げ、よりしっかり味わうべく情報を頭に入れながら飲むのです。そうしているうちに、必ずや人生を変える一杯に出会えることでしょう。

ここまで見てきてわかるように、ウイスキーをストレートで飲むことは、そもそも日本の食文化とは異なる文化の飲み方でした。しかし、後天的味覚を主体とするお酒であるので、正しく経験を積むことで誰でもおいしく味わうことができるのです。

洋酒をおいしく味わうためには知識と経験が不可欠だからこそ、本講座があなたの助けとなるでしょう。

三時間目

Lesson3

まとめ

ウイスキーの
魅力を全て味わうなら
ストレート

ウイスキーは
リラックスするために飲むお酒

ウイスキーは
後天的味覚で味わうお酒

後天的味覚は
誰でも育てることができる

つまり、
ウイスキーは誰でもおいしく
感じるようになれる

四時間目
Lesson4

熟成ってどういうことが起きているの？

三時間目では、ウイスキーの味わいの秘密について学びました。ウイスキーを味わう味覚を育てるためには、経験を積むことも重要ですが、知識も必要になるということがわかりましたでしょうか。そこで四時間目では、ウイスキーの重要な要素である「熟成」と、熟成することでどう味わいが変化していくかを見ていくことにします。

ウイスキーは熟成させるお酒

ウイスキーはただ単に蒸留すれば完成というわけではありません。樽に入れて、何年も置いておくことで、熟成が進み、味わいが変化するのです。そのため、ウイスキーの完成には長い年月が必要になります。

熟成の最大のポイントは、ウイスキーを入れる「樽」です。樽はそのまま使うのではなく、内側を焦がして使います。何故焦がすのかというと、そのままの樽を使うと木の香りが強すぎるからです。焦がすことで、木の香りを抑え、甘い香りを引き出せるのですね。その代わり、少し焦げた香りがウイスキーにつきますが、それも複雑な香りの一部として楽しまれています。樽の内側をどれだけ焦がすかは、それぞれの会社によって異なります。

熟成するとどうなるの?

蒸留したてのウイスキー原酒は無色透明です。それが、樽に入れて半年ぐらいすると淡い黄色になります。さらに2年、3年と経つと、淡い黄色から黄褐色へと変化していきます。これは樽の成分が原酒に抽出されているために他なりません。このように、熟成を進めると樽の成分がウイスキーに溶け込むという効果があります。

次に重要なのは、樽の中のウイスキー原酒が「呼吸」をしているということです。夏になって気温が上がると、樽の中の温度も上がり、膨らんで容量が増えます。樽はそれほど膨らまないため、増えた分だけ空気が樽から押し出されます。反対に、冬になって気温が下がると容量が減ります。減った分、樽の中には外から空気が入り込みます。このような空気の出入りが、まるで呼吸をしているように見えるのです。

呼吸によって、ウイスキー原酒の中の揮発成分が減っていきます。どのような環境で貯蔵しているかにもよりますが、最初の年は2〜4%、それ以降は年に1〜3%ずつ減るのです。この減った分のことを「天使の分け前」と呼びます。ここで減る成分に、お酒の荒々しさを感じさせるような成分が多く含まれているため、熟成が進めば進むほど荒々しさが減る、すなわちまろやかになっていくのです。

また、呼吸をして樽の中に常に新しい酸素が入ってくるのも見逃せません。ウイスキー原酒の中の成分が酸素と反応し、変化していきます。この変化によって、ウイスキーの複雑な香りが生み出されていくのです。また、ウイスキーの美しい琥珀色も、この変化によるところが大きいのです。

まとめると、ウイスキーの熟成を進めることで「樽の成分が溶け込み」「揮発成分が減り」「中の成分が変化」します。これにより、口当たりがまろやかで、何百種類もある複雑な香りと味わいの、美しいお酒になっていくのです。これは熟成年数が長ければ長いほど、その傾向が強くなります。しっかりと熟成させることは、ウイスキーの味わいにとって不可欠と言っていいでしょう。

ちなみに同じ熟成でもワインのそれとは原理が異なります。ワインの場合は瓶の中で、ワインの成分そのものが変化していく熟成をするのです。樽の成分が溶け込んでいくウイスキーとは根本的に違うのですね。

熟成年数が長いほどおいしいの？

ここで良くある質問としては「熟成年数が長いほどおいしいウイスキーなの？」があります。これはとても難しい問題です。何故なら、人の好みはそれぞれ異なりますし、その時々の条件によっても味の感じ方は違うからです。

熟成年数が長くなると、短いものに比べて味の変化が大きくなります。ただ、それが好ましいと思うのかどうかは、経験によって変わります。味の経験が少ないときには、長く熟成したものは味が濃すぎると思うかもしれません。また、少し前には味や香りが強すぎると思ったものでも、経験を積んだ後に飲み直してみると、すごくおいしく感じるということもあるでしょう。例えば、今はこのウイスキーの10年物をすごくおいしいと思い、17年物だとちょっと味が強すぎると感じていても、しばらく経験を積んだ後に飲み直したら17年物の方をおいしく感じる、ということはあるのです。

長く熟成したものが高くなるのは、それだけ貴重で、管理に時間と人手がかかったため、コストが必要になっているからです。高ければいいお酒というよりも、それだけ手間暇がかかっているから高いのですね。実際に飲んでみて、そのときどきに自分がおいしいと思うお酒を探すようにしましょう。

年数表示の秘密

ウイスキーには「10年」のように、年数表示されたものがあります。たとえば、「山崎12年」などですね。毎年販売されていますが、それこそ2013年に発売された「山崎12年」と2014年に発売された「山崎12年」は同じ味なのでしょうか。それとも違う味なのでしょうか。

答えは、同じ味です。では毎年きっちり同じようなお酒を造っているのかというと、それも違います。実は、山崎12年だったら山崎12年の味、というものが決まっていて、ブレンドによってそれを再現しているのです。ただし、ここにはルールがありまして、ブレンドに使うウイスキーは年数表示以上の熟成期間のお酒でなければなりません。つまり、12年のウイスキーだったら、12年以上熟成させたお酒をブレンドし、「12年の味」に調整して販売しているのです。なので、中身は12年熟成だけでなく、場合によっては20年熟成やそれ以上のものが入っている可能性があります。

短期間で熟成を再現する?

ウイスキーの熟成は、まだまだ解き明かされていない部分も多いジャンルです。しかし、できあがったウイスキーの成分を分析することはできます。最近では蒸留したてのウイスキー原酒と熟成させたウイスキーの成分を比較し、違いを明らかにすることで、何をどう反応させればいいのかを解析し、短期間で長期熟成させたのと同じお酒を造ろうという試みがなされています。それこそ、一週間で20年熟成させたのと同じような品質のお酒を造ってしまうというところまで進んでいるようです。

また、樽の成分の抽出の方に注目をし、焦げ目をつけた木片をウイスキーの瓶にしばらく入れることで、何年分かの熟成をしたのと同じ効果を得るという品もあります。

どちらもしっかりと実現されたら、これほどすごいことはありません。どうなるのか、注目しておきたいですね。

四時間目

Lesson4

まとめ

ウイスキーの風味には
熟成が不可欠

熟成することで
口当たりがまろやかになる

熟成することで
複雑な香り、味わいになる

年数表示は、
ブレンドした中で最も
若いお酒の年数

長い熟成期間のものが、
自分にとって
おいしいとは限らない

五時間目
Lesson5

ウイスキーをストレートで飲んでみよう

四時間目までで、ウイスキーの味は熟成によって深まり、複雑な味わいになっていくことがわかりました。いよいよ本格的に味わっていくことにしましょう。

最初に覚えたいのは「ストレートの飲み方」です。ストレートは、ウイスキーの持っている魅力全てを引き出すことのできる飲み方です。アルコール度数の高い蒸留酒をストレートで飲むなんて、お酒に弱い自分には無理だと思う人もいるかもしれません。でも、お酒に弱くてもストレートで楽しんでいる人はたくさんいます。ストレートにはストレートの飲み方があり、その飲み方に従えば誰でも飲めるようになるのです。

これは、他の蒸留酒を飲むときにもいえることです。まずしっかりとストレートの飲み方を覚えることで、お酒の世界が広がっていくのです。

何故ストレートがいいのか

周りのウイスキーファンに聞いてみましょう。「ウイスキーを一番おいしく飲める飲み方は何？」と。もしくは「ものすごいレアな高いウイスキーを飲む機会があったとして、どういう飲み方をする？」でもいいです。かなりの確率で「ストレート」という答えが返ってくることでしょう。

ストレート、別名ニートという飲み方はウイスキーを1から100まで味わい尽くせる飲み方です。そのウイスキーが持っている刺激、香り、余韻……これらは水や炭酸水で割ったり、氷と一緒にして温度が下がると、どうしてもマイルドになります。アルコールの刺激や余韻は水で薄まれば弱まりますし、繊細な味にも気づきにくくなります。香りなどの気体は、温度が低い方がよく溶けるので、温度が上がると外に出てきて強くなるし、温度が下がるとなかなか出てこなくなり弱まります。

ウイスキーは、瓶に詰められる段階で、かなり手が加わっていることが多いお酒です。熟成したものをそのまま瓶詰めするのではなく、ブレンドしたり、加水をしているからです。ということは、瓶に詰められた状態には、造り手がこの状態で飲んで欲しいという意図がこめられているのですね。常温で、そのままで飲むストレートが、ウイスキーの魅力全てを引き出せるといわれているのには、こういった理由があります。

ストレートを飲むための準備

ストレートで飲むためには準備が必要です。といっても、特別なお酒を用意しなければならないとか、びっくりするほどの大金を用意しなければならないというわけではありません。用意するものは「時間」「環境」「水」です。

時間は、ウイスキーを楽しむ専用の時間を作る、という意味です。ストレートで飲むときの最大のコツは「ゆっくり」「少しずつ」です。30㎖を30分ぐらいかけて飲むのが理想でしょうか。その間、ウイスキーを楽しむ時間を用意しましょう。別に本を読みながらでも、映画を観ながらでもかまいません。でも、仕事に追われていたり、気にかかることがあるとウイスキーの味わいに集中できないのも事実。ストレートでウイスキーをしっかりと味わうためにも、リラックスして楽しむ時間を確保することが必要なのです。

環境は、ウイスキーを飲むためのふさわしい場所がある、という意味です。例えばどんなにウイスキーが好きな人でも、炎天下のアスファルトの上でストレートを楽しみたい、という人はほとんどいません。逆に、凍えるような寒さの中では、寒さが気になってしまうでしょう。ようは、暑すぎず寒すぎず快適で、周りに煩わされないところで飲むのがいいということです。騒がしすぎて、飲むのを急かされてしまうように感じるところもやめた方がいいでしょう。

そして、水です。これが何よりも重要といっても過言ではありません。いわゆる「チェイサー」として、ストレートを飲むときは必ず水を用意しましょう。よりおいしくストレートを飲むのに必要ですし、水をたくさん飲むことは悪酔いをしにくくします。

これらを用意するのが面倒という人は、ＢＡＲへ行くといいでしょう。温度などの環境も良く、水は必ず出してくれますし、外とは離れた空間が仕事を忘れさせてくれます。

ストレートを飲んでみよう

いよいよストレートを飲みます。絶対に守らなければならないのは、「ゆっくり」「少しずつ」です。ビールのような感覚でごくごく飲んではいけません。ほんの少量を口に含むようにして飲むのです。

1 グラスを眺めて楽しむ

ウイスキーは、その琥珀色の美しさもまたおいしさのうちです。お店で出されたときには、透明度の高いグラスのはずです。家で飲むときにも、できるだけ透明度の高いものを使いましょう。

ウイスキーを味わうには、まずは色を楽しみます。といっても最初のうちは「綺麗な色」とか「光に透かすと美しい」とかそういう感想でかまいません。まずは目で見て楽しむのです。そうすることで、だんだん期待が高まっていきます。

2 香りを楽しむ

次に、香りを堪能しましょう。最初は遠くからそっと香りをかぎましょう。あまり一気に吸い込み過ぎると強い刺激にやられてしまうことがあります。ゆっくりと、静かに香りを楽しみ、徐々にグラスと鼻を近づけていきます。

ある程度香りを楽しんだら、次はグラスを少し揺らして、中のウイスキーをゆっくりと回してみます。そうすることで香りが立つので、またゆっくりと香りをかいでいきます。香りがどう変化したのかを楽しみましょう。

できればここで行いたいのは、香り探しです。「このウイスキーは熟した果物のような香りがします」のような情報をラベルやバーテンダーさんから教わったら、実際にそういう香りがするのかを探してみるのです。最初は感じられなくて「なんとなくそうなのかな?」と思うだけでかまいません。そうやって香りを探すことが経験になり、だんだんウイスキーの香りがわかるようになります。

3 口の中で楽しむ

香りを十分に楽しんだら、いよいよ実際に飲みます。といっても、前述の通り「ゆっくり」「少しずつ」です。ほんの少しの量を、飲むというよりもくちびるを湿らす程度に口に含むのです。ここで刺激が強すぎると感じたら、次はもっと少量にしてみてください。ストレートを飲んでいる人はお酒に極端に強いわけではなく、飲める量ずつ飲んでいるから飲めるのです。びっくりするほど少ない量からでもかまいません。

そうして口に含んでも、すぐに飲み込まないようにしましょう。舌の上でころがしたり、口の中をゆっくりと巡らせてみたりするのです。どんな味がするのか、口の中ではどういう香りになるのか、しっかりと味わいましょう。一通り味わってから飲み込むのです。

4 余韻を楽しむ

ウイスキーは余韻を味わうお酒でもあります。飲み終わった後でも香りが続くのですね。一口飲んだ後は、余韻を楽しみましょう。

飲み下したあとに喉から立ち上がってくるのはどんな香りなのか、鼻呼吸をしたときに香りがどうなるか、余韻はどう変化していくのか、どれぐらい続くのか。お酒によって、余韻の長さが違うのもウイスキーの面白いところです。これをしっかりと味わってこそ、ストレートを味わったことになるのです。

5 チェイサーを飲む

余韻が消えたら次の一口です。といっても、すぐにウイスキーに手を伸ばすのはやめて、水を飲みましょう。ウイスキーの世界ではこのタイミングで飲む水のことを「チェイサー」といいます。これは、ウイスキーを飲んだ後を追いかけて飲むからです。一口飲んだら必ずチェイサーを飲む、と覚えておきましょう。

チェイサーを飲むことで、口の中をリフレッシュすることができます。また最初から味わうためにも、できるだけクリアな状態で飲むのが望ましいのです。

ここまでがストレートを最大限おいしく飲める飲み方です。チェイサーを飲んで余韻が完全に消えたら、次の一口へといきましょう。また最初から香りを楽しみ、口の中で楽しみ、余韻を楽しむのです。

1杯（30㎖）を飲むのに30分かけるのが理想であると前に書きましたが、この飲み方だとあっという間に30分が過ぎていくのではないでしょうか。ウイスキーの香りは30分の中でも変化していくことがありますので、そのあたりも味わいたいところです。

ただ、どうしてもストレートだときついと感じる人もいるかもしれません。そういう人はほんの少しだけ水を加えてみましょう。数滴の水を加えるだけでも味わいが変わったりします。家で飲むときには、少しずつ水を加えて飲んでいき、飲めると感じたらそこから徐々にまた、加える量を減らしてストレートに近づけていくようにするといいでしょう。

他の蒸留酒でも、ストレートの飲み方はほとんど変わりません。「ゆっくり」「少しずつ」、香りなどを楽しみながら飲んでいきます。

五時間目

Lesson5

まとめ

ストレートは
ウイスキーの魅力を最大限
引き出す飲み方

とにかく
「ゆっくり」「少しずつ」

最初は香りを楽しむ

一口飲んだら
余韻も楽しむ

余韻が消えたら
必ずチェイサーを飲む

六時間目

Lesson 6

飲み方によって味が変わるウイスキー

五時間目で、ストレートの飲み方を学びました。でも、ウイスキーにはストレート以外にもさまざまな飲み方があります。それらの飲み方は正しくないのかというと、そうではありません。水割りには水割りの、ハイボールにはハイボールの良さがあります。TPOに応じて飲み方を変えればいいのです。

これらの飲み方は世界中の人達が「こう飲むとおいしい」と思った知識の集大成です。飲み方を指定されるのは野暮《やぼ》だと思う人もいると思いますし、最終的にはどんな飲み方でもおいしく飲めればいいと思います。でも、最初にこれらの飲み方から入っても損をするわけではありません。味わいながら、自分はどの飲み方が好きなのかを探っていきましょう。なお、ここで使う水はできるだけ軟水のミネラルウォーターにするといいでしょう。水道水でもいいのですが、香りを楽しむ飲み物なので、塩素の香りが少ない方がいいからです。

オン・ザ・ロックス

　氷を岩に見たてて、氷の上から注ぐ飲み方です。グラスに大きめの氷をひとつ入れてからウイスキーを注ぎ、軽くステアする（混ぜる）のが一般的な作り方です。もともとは親指と人差し指で丸を作ったときぐらいの大きさの氷で作られていました。その大きさだと1つでは足りないので、2、3個入れたのです。だから「ロックス」と複数形になっているのですね。注ぐウイスキーの量はシングルで30㎖、ダブルで60㎖が日本での標準です。

　家で作る時は冷凍庫で作った氷ではなく、なるべくコンビニなどでロックアイスを買って使いましょう。家庭用の氷では空気を含んでいたり小さかったりするため、すぐに溶けてしまいます。ドラマなどで見るオン・ザ・ロックスが大きい丸い氷なのは、球の方がお酒に当たる表面積が少なくて溶けにくいからです。球状の氷を家庭で作るのは難しいので、大きめのロックアイスを使えば、なかなか溶けなくてゆっくりと味わえます。

　氷で冷やされている分、香りが抑えられて口当たりがやわらかくなります。また、だんだんと氷が溶けていくことによって、味や風味が変わっていくのを楽しむ飲み方です。

ウイスキーミスト

オン・ザ・ロックスとは異なり、たくさん入れたクラッシュアイスの上にウイスキーを注ぐ飲み方です。細かい氷がたくさんあることで、急速にウイスキーは冷え、かつ氷が溶ける速度が早まります。最初はロックの味わい、後半には水割りに近い味わいを楽しめる飲み方です。

なお、好みでレモンピールを軽く搾る場合もあります。

水割り

ウイスキーを水で割る飲み方です。濃さは自分の好みで調整できますが、ウイスキーと水の割合が1：2ぐらいがいいとされています。グラスに先にウイスキーを入れ、後から水を入れる方がしっかりと混じり合いやすくなります。

少し面白いのは、ウイスキーメーカーによって水割りの作り方が違うことでしょうか。サントリーの工場見学をしたときに教わった、誰でもおいしい水割りを飲める作り方では、まずグラスギリギリまで氷を入れ、十分にグラスが冷えてからウイスキーを注ぎ、しっかりと混ぜます。すると氷がある程度溶けるので、溶けた分の氷を足します。その後にウイスキーの2倍の量の水を加えて、軽く混ぜればできあがりです。

ニッカウヰスキーで推奨されている水割りは「1・2・3《ワン・ツー・スリー》」が合い言葉です。ウイスキー1に対して水を2、氷を3個という意味ですね。グラスにウイスキーを入れ、水をウイスキーの2倍の量入れ、大きめの氷を3個入れてよく混ぜます。30秒ほど時間をおいたらできあがりです。

サントリーのものはしっかりと冷やしながら作っていくので、キリッとした味わいに。ニッカのものはサントリーのものよりも味わいが強く出るような感じがします。

何故、サントリーの作り方では水を加える前に氷とよく混ぜるのでしょうか。アルコールと水が混ざると希釈熱という熱を発します。水割りのグラスの量だけでも、3℃ほど温度が上がるのですね。そうなると氷が溶けやすくなってしまうため、事前にしっかりとグラスとウイスキーを冷やした状態で、水を注ぐのです。そうすることで、氷も溶けず、味のバランスが壊れにくい水割りができるのです。ニッカウヰスキーの作り方でも最後に30秒ほど時間をおくのは、ウイスキーと水をなじませる効果の他にも、希釈熱によって上がってしまった温度を下げるためなのでしょう。

お気に入りのグラスで作って、ゆっくりとくつろぎながら飲む他に、濃度の調節をしやすいので食中酒として楽しむこともできる、万能選手です。

トワイスアップ

ウイスキーと水を1：1で混ぜて飲みます。twice up と書き、twice は2倍、up は straight up の略でストレートのこと。つまり、2倍にしたストレートという意味です。トワイスアップはウイスキーの香りを味わうのに最適な飲み方とされています。ブレンドを司るブレンダーさんもトワイスアップでテイスティングを行い、味や香りを確かめます。水を加えることによって希釈熱で温度が上がり、香りが開くからでしょう。また、アルコール度数も半分になって飲みやすくなります。

加える水は常温がいいとされていますが、季節によっては軽く冷やした水を使ってもいいでしょう。

ハーフロック

ハーフロックはオン・ザ・ロックスの飲み方の一種です。氷の上にストレートで注ぐオン・ザ・ロックスとは異なり、ウイスキーと水や炭酸水を1：1の割合にします。作り方としては、まずグラスに氷を入れ、ウイスキーを注いでしっかりと混ぜ（オン・ザ・ロックスを作る）、その後に同量の水か炭酸水を注いで軽くステアします。

ハーフロックにすることで、アルコールの刺激を抑え、ウイスキーの持つ香りをやわらかく引き出すことができます。水や炭酸水となじむことによって、オン・ザ・ロックスよりも香り重視の飲み方といっていいでしょう。そのため、ハーフロック用のグラスは真ん中が少し膨らみ、上が狭まる、香りを逃がさないような作りになっています。

ハイボール

ハイボールは水割りとは異なり、炭酸水で割る飲み方です。水割りよりも炭酸水を多めに入れるのがコツでしょうか。だいたいウイスキー1に対して炭酸水は3～4ぐらいがいいとされています。

作り方としては、炭酸をなるべく出さないようにしなければなりません。まずグラスに氷をたくさん入れて冷やします。ウイスキーを注ぎ、軽くステアして、減った分の氷を足します。その後に、静かに炭酸水を入れ、マドラーで下から上へ持ち上げるように1回混ぜます。これで、できあがりです。あまり激しく注いだり混ぜたりすると、炭酸が抜けてしまうからです。お好みでレモンピールを入れてもいいですし、トニックウォーターや梅ソーダなどで作ってもおいしいです。氷無しで作る場合には、グラス、ウイスキー、炭酸水の全てをよく冷やしておくようにしましょう。

キリッと冷やして飲むハイボールは炭酸の爽快感と、ウイスキーのキレを味わえます。ビールのようにごくごく飲んだり、食事と一緒に楽しんだりすることができる飲み方です。

ホットウイスキー

温める飲み方もあります。ホットウイスキーはいわゆるお湯割りと同じく、お湯で割って飲みます。ウイスキー1に対してお湯を3ぐらい入れるといいでしょう。お湯の温度は80℃ぐらいが最適です。温度が高くなることで、香りがやわらかに開きます。

ホットウイスキーを楽しむコツは、できるだけグラスを温めておくこと。冷えたグラスにお湯を注ぐと、一気に温度が下がってしまいます。お好みで、柑橘類をトッピングしたり、ハーブを加えて香りを変化させたり、ハチミツやジャムなどで甘みを加えてもおいしいです。

カクテル

ウイスキーを材料としたカクテルはそれほど多くありません。ですが、有名なものもあります。例えばカクテルの女王として名高い「マンハッタン」は、ウイスキーにスイート・ベルモット（白ワインに香草を加えたフレーバードワインの甘口）とビターズ（苦味の強いアルコール）を加えて作ります。

これらの飲み方は、あくまで目安です。例えば水割りの場合。食中酒として楽しむときに、味の濃い料理だったら水の量を減らしてウイスキーを濃くしたり、繊細な味わいだったら水の量を増やしたりしてもいいでしょう。

いったんは推奨の分量で味わってみて、それを基準にして濃度を調節していくようにすると、自分の好みがはっきりわかるようになります。

六時間目

Lesson 6

まとめ

ストレート以外の
飲み方もある

TPOに応じて
飲み方を変えると楽しい

氷はできるだけ
軟水のミネラルウォーター
の方がいい

氷はできるだけ
専用の氷（ロックアイスなど）がいい

基本の飲み方を試した後に、
濃度を調節しよう

七時間目

Lesson 7

ウイスキーと料理を合わせてみよう

六時間目では多彩なウイスキーの飲み方を学びました。大事なのは、TPOに合わせて飲み方を変えることです。では、ウイスキーを飲むときのTPOはどのようなシチュエーションがあるでしょうか。

ウイスキーを飲むための時間を作り、ストレートで飲む時を除くと、食事が絡んでくることが多いと思います。食事とお酒はきってても切り離せません。そこで今回は食事とお酒のタイミング、すなわち食前酒、食中酒、食後酒についてと、そのときにどういう飲み方がいいのかを見ていきます。

食前酒？　食中酒？　食後酒？

食事のシチュエーションによっても飲むべきお酒は変わってきます。例えば、食事の開始時にビールを飲むとおいしく感じるものですが、料理をさんざん食べた後、満腹時の最後の締めくくりに同じビールが出てくると、お腹いっぱいで飲みにくいと思ったりします。食前酒、食中酒、食後酒にはどういうお酒がふさわしいのでしょうか。

食前酒は苦味と酸味が重要

食前酒、フランス語ではアペリティフで何よりも重要なのは、食欲を増進させることです。そのあとの食事がおいしく感じられなくなるようなお酒は食前酒に向きません。

そもそもアルコールは空腹時に飲むと、胃袋を刺激し、胃液の分泌を促します。それにより、食欲がかきたてられるのですね。なので食前酒という概念が成り立ちます。お酒に強い人が多い国では食前酒にアルコール度数が高いお酒を少量飲んだりもしますが、日本ではお酒に強くない人が多いため、それほどアルコール度数が高くないお酒を飲むのが主流です。

次に考えたいのが、甘味、苦味、酸味、塩味、旨味からなる味覚の要素です。このうち、甘味は食欲を減退させる効果があります。血糖値を上げて、満腹中枢を刺激するということもさることながら、舌の感覚を鈍くするのです。すごく甘いお菓子を食べたすぐ後に他の料理を食べると、ちょっと味がぼやけて感じたという経験はありませんでしょうか。これらのことから、甘味のあるお酒は食前酒に向いていなかったりします。
残りの味のうち、苦味、酸味、塩味は食欲増進に役立ちます。これらの味が舌に触れると血流を増し、味覚を鋭くするのです。食欲をかき立ててくれるのですね。お酒には塩味を持ったものがほとんどありませんので、苦味や酸味のあるお酒が向いているというわけです。

まとめると、食欲をかきたてるには酸味と苦味とアルコールが重要で、甘味は控えた方がいいということになります。辛口のシャンパンは代表的な食前酒ですね。梅酒も酸味が豊富なので食前酒として用いられることがあります。

ウイスキーは食前酒には向いていないのでしょうか。この場合、酸味や苦味があるというよりは、甘味がないという点に注目をしましょう。甘味がないお酒だったら、アルコールが食欲増進の役割を果たしてくれます。水割りやハイボールは甘味が少ないので食前酒としても飲むことができます。お酒をそんなにたくさん飲めない人は、烏龍茶などを飲むといいでしょう。

というわけで、多くの人が聞いたことがあるであろう「とりあえずビール」は、実はとても理にかなっています。苦味のある味が食欲を沸き立たせてくれるのです。

料理との相性で選びたい食中酒

食中酒に求められていることは、料理の邪魔をしないか、料理の味を引き立てるかです。個性が強すぎるお酒は食中酒としては向いていません。

ここで選びたいのが、ジャパニーズウイスキーです。全体的に繊細でまろやかな味わいのものが多く、食中酒として飲めるよう設計されているものが多いからです。もちろん他のウイスキーでもいいのですが、ジャパニーズウイスキーの方が失敗が少ないということですね。料理の味付けが濃かったらロックやハーフロックで飲んだり、脂っこい中華料理だったら、ハイボールで口の中をリフレッシュさせるといいでしょう。魚介類や燻製だったら、スモーキーな香りのものを水割りで飲むのがよく合います。

ウイスキーを食中酒にする最大のメリットは、濃度の調整ができることです。ひとつのお酒でも、水や炭酸水の量を調節することで、驚くほど多くの料理と合わせることができます。

甘味とアルコールで締めくくる食後酒

食後酒、フランス語ではディジェスティフに必要なものは、2つあります。甘味を感じて満足感を得てリラックスすることと、胃の活動を活発にして消化を助ける働きを得ることです。

甘いお酒を飲むことは、デザートを最後に食べることに似ています。デザートという言葉が似合うような洋風料理の場合、たいていは塩味を中心に調理されています。調味料として砂糖やみりん等を使わないからですね。そこで甘味を最後に補うことで、食事の締めくくりとしての満足感を得られるのです。食後だったら血糖値が上がって満腹中枢が刺激されても問題ありません。

後者の理由は食前酒と似ていますよね。従って、料理の味を上回る刺激性の強い、つまりアルコール度数の高いお酒を飲むといいでしょう。ウイスキーやブランデーのストレートが食後酒に使われる理由はここにあります。ゆっくりとくつろぎながら飲むことで、消化が促進されると共に、食後の満足感が長続きします。

まとめると、食前酒には苦味と酸味のあるお酒がいい、もしくは甘味の少ない水割りやハイボールなどがいい。食中酒には料理に合わせて色々と選ぶといいけれどもアルコール度数は低い方がいい。食後酒は甘いお酒かアルコール度数の高いお酒がいい。となります。ウイスキーの場合は、食前酒と食中酒には水割りやハイボールが、食後酒としてはストレートが向いている。ということを覚えておきましょう。

もちろん好みがありますから、食事中にもガツンと刺激の強いストレートで飲みたいという人もいると思います。それは否定しません。ただ、初心者が飲むときはこちらを参考にした方がハズレが少ないということを覚えておきましょう。

七時間目

Lesson 7

まとめ

食前酒は
苦味と酸味のあるお酒か、
甘味がないお酒がいい

食中酒は
料理に合わせて選びたい

ウイスキーは料理に合わせて
濃度の調節ができる

食後酒は
アルコールの強いお酒か、
甘いお酒がいい

最終的には何でもいいが、
初心者のうちは
これらを参考にしよう

八時間目

Lesson 8

結局ウイスキーはどうやって選べばいいの？

七時間目までで、ウイスキーの飲み方を学んできました。でも結局のところ、ウイスキーを飲みたいときにはどうやって選べばいいのでしょうか。

ここで忘れてはならないのは、人によって好みは違うということと、経験によって好みは進化していくということです。初心者のうちは、なんとなく好きだ、というタイプを探すことが重要です。そのウイスキーを飲んでいくうちに、だんだんウイスキーに対する経験が高まり、他のウイスキーも飲めるようになっていくでしょう。そうして、そのときどきでの「今の自分が好きなタイプ」を探していけばいいのです。

今の自分が好きなタイプに出会うためには、基準となるウイスキーを味わう必要があります。この味に比べて香りが強い方がいいとか、これよりもマイルドな味がいいとか、比較対象を持つことで欲しい味わいを簡単かつ的確に伝えられるようになります。まず手始めに、自分の中に味の基準を作りましょう。

入門におすすめなジャパニーズウイスキー

残念ながら、ウイスキーはラベルの表を見ればどんな味わいなのかわかるお酒ではありません。ジャパニーズウイスキーなら、裏ラベルにどういうお酒でどんな香りがするものなのか書いてあるものも多いのですが、全てのウイスキーに書いてあるわけではありません。しかも、海外のウイスキーだとそれが英語や他の言語になります。英語が苦手だという人もいるでしょう。

というわけで、最初のうちは特に、バーテンダーさんやお店の人に、どんなタイプのウイスキーを飲みたいかを伝えることが中心になると思います。好みを伝えた上で、出てきたお酒の名前を聞き、特徴を覚えればいいのです。

そこで重要なのが自分の中で基準となるウイスキーです。その役割にふさわしいのが、ジャパニーズウイスキーなのです。

ジャパニーズウイスキーは日本人の味覚に合わせて造られたものが多く、飲みやすいというのが理由の一つ目です。今後さまざまなウイスキーを飲んでいく上で、初めて飲むものは「基準」になります。最初から癖が強いタイプのものを飲むよりは、口当たりのいい、和食にも良く合うジャパニーズウイスキーの方が適しているのです。もうちょっと癖が強くていいなら次はスコッチ、すっきりさを求めるならアイリッシュ、甘さを求めるならバーボン、おとなしい方がよかったらカナディアンのように飲んでいくといいでしょう。

二つ目の理由は、比較的どこでも置いてあるので飲みやすいし入手しやすいということが挙げられます。BARで飲むにしても、酒屋で買うにしても、サントリーやニッカウヰスキーなどはほぼ置いてあるでしょう。コンビニですら購入することができます。基準にするウイスキーは、時として飲み比べをしたりと、何かと飲む機会が多くなると思います。飲みたいと思ったときにいつでも飲めるお酒の方が、貴重で滅多に飲めないお酒よりもこの点には向いています。

三つ目はラベルに書かれている説明が日本語でわかりやすい点です。ラベル情報以上のことが知りたければ、各社のWebページで製品情報を見るのもいいでしょう。もちろん海外のウイスキーも輸入元が日本語の裏ラベルを貼っている場合がありますが、情報量が劣る可能性があります。日本語での詳しい情報が何故重要になるか。それは五時間目で学んだ「香り探し」に必要だからです。ウイスキーの複雑な香りを、これがその香りかなと思いながら味わっていくことによって経験を積むことができます。このときの情報は多いほどいいので、日本語で詳しい情報が手に入る方がいいというわけです。

ブレンデッドとシングルモルト

次に注目するべきところは、ブレンデッドウイスキーかモルトウイスキーか、です。両方飲んで、どちらの方が好みなのかを探っていきます。

ブレンデッドウイスキーは調和がとれてバランスのいい味わいが特徴です。世界中で流通しているウイスキーのほとんどがブレンデッドウイスキーです。それぞれのメーカーごとに味わいが違うので、飲み比べをするのなら、なるべくメーカーごとに飲んだ方がいいでしょう。

モルトウイスキーでは、できるだけシングルモルトに挑戦してみることをおすすめします。一つの蒸留所のモルトウイスキーだけで造られているため、蒸留所ごと、製品ごとに個性がはっきりしているからです。種類はとても多いのですが、好みの方向性がわかりやすいというメリットもあります。

お店の人に香りを伝えてみよう

ウイスキーの魅力は、その複雑な香りにあります。そのため、こういう香りのものがいい、ということがわかるのが、好きなタイプを知る近道になります。

ラベルに書かれているものを全部読んでもいいのですが、どういう香りのウイスキーを飲みたいかを直接バーテンダーさんや酒屋さんに伝えてみるのもいいでしょう。それにはどういう香りがあるのかを知らなければなりません。香りは大まかに分けると3タイプあります。まずはそれだけを覚えましょう。

煙で燻されたようなスモーキー系

煙で燻されたような香りです。ピートによって大麦が燻されたことによってつく香りです。スコッチウイスキーの代名詞ともいえます。ただ燻製のような香りというだけでなく、この中にも潮のようなフレッシュな香り、いがらっぽい感じを与える香り、少し薬品を思わせるような香りがあります。

花の香りのフローラル系

花の香りを思わせるようなウイスキーもあります。よくたとえられるのが、バラの香りでしょうか。他にもラベンダーの香りやゼラニウムの香りなどがあります。花の香りは「エレガント」「心地良い香り」と表現されたりもします。

果物を思わせるフルーティー系

フルーツのような香りのウイスキーも多いです。バナナやりんご、洋なしなどの果物や、それらが熟したような香り、さらにはレーズンのようなドライフルーツだったりナッツのような香りもあります。

これらの香りは単体で存在するのではなく、たくさんある香りの中で特に強く感じるものので、系統が分かれているのです。ウイスキーは香りが複雑に組み合わさっているので、バニラのような甘い香りや、ナッツのような香りは、これらのどのタイプにも感じられる場合もあります。

こういった複雑な香りは、原酒となるウイスキーだけでなく、樽熟成においてつくものの方が多いのです。樽が呼吸をしていくうちに、酸素と樽から溶け出した成分とアルコールとが組み合わさって、次々と複雑な香りになっていくのですね。

樽は木材やサイズ、形状の違いによってできあがるお酒の味が変わります。最も多いのはオークという木です。日本語では楢《なら》や樫《かし》を英語ではオークと言うのですね。オークは各国にあり、フレンチオークやスパニッシュオーク、アメリカンオークなどがあります。ジャパニーズオークはミズナラといい、ジャパニーズウイスキーで使われています。

また、ウイスキーで特徴的なのは、一度他のお酒を熟成さえた樽をウイスキーの樽として使うことでしょうか。バーボン樽はバーボン（これもウイスキーですが）を造った後の樽、シェリー樽はシェリー酒を造った後の樽、ワイン樽はワインを作った後の樽です。

それぞれの樽がどのような傾向を持っているか、見てみましょう。

オーク樽：バニラやナッツのような香りが強くなる
ミズナラ樽：香木の伽羅《きゃら》や白檀《びゃくだん》のような香りがつく
バーボン樽：オーク樽よりも木の香りが強い

シェリー樽：ウイスキーに深い紅色がつく。ブドウの甘みを感じさせる香りも

ワイン樽：シェリー樽よりも強い発酵したブドウの風味が加わる

ちなみに、ジャパニーズウイスキーの中には梅酒を中に入れて一度熟成させた樽を使ったものもあります。

人に聞くのは難しい

よくあるのが、周囲の人に「おいしいウイスキーを教えて」「オススメのウイスキーはある?」と聞くことです。確かにこれは正しいですし、信頼のおける友達が薦めてくれたお酒は、それだけでおいしく感じるものです。

でも難しいのが、基本的にその人の好みと自分の好みが合うとは限らないということと、全く違うタイプのお酒を答える人がいる、ということです。返答のようで、返答になっていないのですね。

例えば「香りや後味がきついのは苦手なので、そういう人でも楽しめるウイスキーを教えて!」と質問したとします。そこに「ちょっと癖は強いんだけれども、このスコッチに

はまるとやみつきになるよ！」と、スモーキーさが特徴なお酒を答える人は一定数いるのです。

これは、その人が「人生を変える一杯」に出会い、スモーキーなウイスキーが大好きになったあまり、質問者にもそのすばらしさをわかってもらおうと思う善意からきている返答です。もちろんそこで、質問者も今まで苦手だったのがひっくりかえるような「人生を変える一杯」に出会う可能性はあります。しかし、なかなかそうもうまくはいかないのも事実。実際に飲んでみて、やっぱり自分には刺激が強くて合わなかったとしても、相手が善意で薦めてくれているのでなかなか「合わなかった」とは伝えにくいですよね。

本当にこんな人がいるのか？と思うかもしれませんが、酒飲みという人種には一定以上の確率でそういう人がいるのです。なので、人に聞くのは難しかったりします。

では、誰に聞けばいいのか。プロフェッショナルに聞けばいいのです。プロならば自分の好みを押しつけることなく、公平に判断をし、お酒を薦めてくれます。フルーティーな香りのウイスキーが飲みたいんですと言ったときに、こっちのスモーキーなお酒は一度はまるとやみつきになりますよ、とは決して言いません。

従って、おいしいお酒を飲みたいけれども、何を飲んだらいいのかよくわからないときには、思い切ってBARへ行ってみることをお薦めします。BARについては、十九時間目で詳しくお話しします。

ウイスキー編はここで終わりますが、今まで話してきたことの多くは他の蒸留酒にも当てはまることです。例えばストレートの飲み方だったり、熟成年度などを気にせずにおいしいと思ったものを飲もうということですね。しっかりと頭に入れて、次の講義へと移っていきましょう。

八時間目

Lesson8

まとめ

最初に「基準」とするなら
ジャパニーズウイスキーがいい

癖が少なく、
どこでも手に入り、
情報が多いことが重要

ブレンデッドと
シングルモルトを
飲み比べる

強く感じる香りで
タイプが3つに分かれる

人に聞くならプロに聞こう

コラム①

ウイスキーは密造酒として発展した？

現在のウイスキーは職人の手による芸術品ともいえるお酒です。でも、完成形に至るまでの間に密造業者の力が大きかったということはご存知でしょうか。

という表現をすると、なにやらウイスキーにふさわしくない犯罪めいた香りがしてくるのですが、これはある意味仕方がないことでもあります。１７００年代初頭にイギリスがスコットランドを併合してグレート・ブリテン連合王国が誕生しました。その後に、イギリス政府がスコットランドのウイスキー製造業者に対して麦芽税を課したのが原因なのです。もともとスコットランド時代にも税金は課されていましたが、イギリス政府からの税金はその15倍以上にも及ぶ重税だったとか。当時のイギリスで飲まれている蒸留酒はフランス産ブランデーが主流だったので、ウイスキーにはいくら税金をかけてもいいと思ったのでしょう。敵対していたスコットランドのスコッチウイスキーの業者が苦しんでいてもどうでもいいと思ったのかもしれません。

もちろん生産業者にとっては死活問題です。そこで収税する役人から逃げるために、山奥のハイランド地方にこっそり蒸留所を建てて、密造することにしたのです。もちろん密造酒ですから、大手を振って販売できません。たまたまスペインから輸入されたシェリー樽の空樽があったので、そこにウイスキーを保管し、販売できるタイミングまで隠しました。そうして保管されたウイスキーは、いざ販売しようと開封すると、琥珀色で豊かな香りを持つお酒に変化していました。つまり、樽熟成が行われて、今のウイスキーのようなお酒になっていたのです。

たまたまハイランド地方に行ったことは、他にもいい影響をウイスキーに与えました。ひとつは水質の良さです。いいお酒を造るにはいい水が不可欠ですが、質の高い水が豊富にありました。もうひとつは、スコッチに欠かせないピートです。麦芽を乾燥させるために、この地方で採れるピートを使ったところ、素晴らしい燻製香がついたのです。他に燃料として使えるものがなかったからピートを使わざるを得なかったのですが、おかげで今のような香り高いスコッチ・ウイスキーが完成したのです。

お酒の歴史は、税金との戦いの歴史でもあります。ただ、税金のおかげで、ここまで完成度の高いお酒が誕生することになったというのは、ウイスキーの他にないのかもしれません。そういう意味では喜んで税金を……やっぱり払いたくはないですね。

コラム② ウイスキーがもとになった裁判があった!?

現在の我々は、さまざまなウイスキーを楽しむことができます。スコッチやジャパニーズウイスキーにおいては、モルトウイスキー、グレーンウイスキー、ブレンデッドウイスキーのそれぞれの味わいの違いを飲み比べたりもできますよね。でもこうなるまでには長い戦いがありました。そしてそれは、裁判沙汰にまでもなっているのです。

もともとのウイスキーは、モルトウイスキーでした。100年以上続いた密造時代に樽熟成やピートを使うと味が良いということがわかると共に、原料に大麦(モルト)のみを使うことも確立していたからです。なぜそうなったかというと、ハイランドのスペイサイド(スペイ川流域)が大麦の主要生産地だったことからといわれています。

モルト以外を使ったグレーンウイスキーの登場は、1831年に連続式蒸留機が発明されてからです。そして1860年代初頭にはそれらをブレンドしたブレンデッドウイスキーが登場するようになりました。そして、ここから長い論争が始まります。モルトウイスキーこそが正統派ウイスキーであると主張する団体が「グレーンもブレンデッドも真のウイスキーとはいえない」と言い出したのですね。

モルト側は「モルトウイスキーが健康にいいことはわかっているが、グレーンウイスキーやそれを混ぜた液体が身体にいいとは思えない」ということを主張。さらには1905年には「ブレンデッドウイスキーを『ウイスキー』として販売しているのはおかしい」と訴えて、酒屋がロンドン警察に告発されるという事件までおこりました。これがウイスキー裁判です。

この裁判では、一審で「パテント・スチル（連続式蒸留機）による酒はウイスキーではない。スコッチ・ウイスキーの原料は、モルトでなければならない」とする有罪判決が出されました。二審に上告するも棄却。困ったグレーン側はブレンデッド側と組んで、王立委員会にウイスキー委員会の設定を要求します。科学者や専門家を含むこの委員会は「ポット・スチル（単式蒸留器）によるものも、パテント・スチル（連続式蒸留機）によるものも、共にウイスキーとして認める」という最終報告書をまとめました。これが法律になり、半世紀以上続いたウイスキー論争に決着がついたのです。

委員会の見解次第では、いま主流となっているブレンデッドウイスキーがなくなっていたかもしれないと思うと、少し恐ろしいですね。

ラムといえば
ラムレーズンの
「ラム」ですよね
Chocolate
Cocktail
Relsin sand
そうそう
カクテルやお菓子に
使われることが多く
なじみ深いお酒です
そういえば
ラムは何から
できているんですか？
？
ざわわ…
サトウキビ？
食べられるんだ
そうですよ
はい
サトウキビの
醸造酒を
蒸留したものがラムです

大航海時代
船乗りを通じて
世界に広まった
ラム
当時から
水割りや
ライムを加えて
飲まれていた名残か
現在もラムは多彩な飲み方で
親しまれています
ストレートや
ロックで飲むのが
ラム本来の味が
わかりやすく
おすすめですが
たっぷりフルーツを
使った
ラムパンチも
いいですよ
おいしそう！
ちゅ
飲みすぎ
注意です
見た目以上に
度数
高いぞ

九時間目

Lesson9

ラムってどんなお酒なの？

蒸留酒にはウイスキーだけでなく、色々な種類があります。ここからはサトウキビから造られるラムのお話をしていくことにしましょう。他にもたくさん蒸留酒の紹介候補はあるけれども、何故ここでラムが登場するのでしょうか。

まずひとつに、ラムは世界で最も種類の多い蒸留酒だからです。銘柄だけでいうと、4万種類以上あります。文字通り世界中で造られているのですね。この中にはラムと名がついているものの、全く違うお酒のような味わいのものがあります。この多彩さによって、どんな人にもお気に入りのラムがきっとある、と言えるのです。丹念に飲んでいけば、「人生を変える一杯」に必ずや出会えることでしょう。

次に、ラムはウイスキーと並んで「世界を変えた」蒸留酒だからです。ラムがなければ今の世界はないというぐらい、世界中が船でつながっていく大航海時代において重要な役割を果たしました。

また、単に飲むだけではなく、ラムレーズンなどお菓子に使われることも多いので、意外と身近なお酒でもあります。カクテルの材料としてもかなり使われていますよね。知っているようで、知らないことも多いラム酒。どうやって世界を変えていったのかも含めて、見ていくことにしましょう。

ラムはサトウキビのお酒を蒸留したもの

ラムはサトウキビで造ったお酒を蒸留したものです。とはいっても、ほとんどのラムでは、サトウキビをそのまま使うわけではありません。

サトウキビから砂糖を作るときには、まずサトウキビを細かくして水を加え、搾り汁を取り出します。このサトウキビジュースに石灰などを加えて沈殿させることで不純物を取り除き、上澄み液を取り出します。上澄み液は濃縮され、真空結晶缶や遠心分離機などによって、結晶と、どろどろした蜜に分けられます。この結晶がショ糖の塊です。原料糖とも呼ばれ精製していくと最終的に砂糖になります。

蜜は何かというと「糖蜜」もしくは「廃糖蜜」と呼ばれます。英語では「モラセス(molasses)」と言います。糖蜜には糖分が残っているので、発酵させると醸造酒になります。二時間目にも出てきた、「糖を発酵させるとアルコールと二酸化炭素になる」です。お酒になるのに十分な糖分が含まれているのですね。

この醸造酒を蒸留させたものが「ラム」です。ラムはサトウキビのお酒を蒸留したものなのですね。他の物は使われていません。同じように廃糖蜜で造った醸造酒を連続式蒸留機で何十回と蒸留すると、日本酒などに使われる醸造アルコールになります。

廃糖蜜は「廃」という言葉が入っている上に、砂糖を取り出した搾りかすであるという説明をよくされるので、マイナスイメージを持ってしまう人もいるかもしれません。けれども、実際にはある程度砂糖の結晶を取り出すための上澄み液の、結晶にならなかった部分です。不純物は上澄み液にする段階で大部分が取り除かれているため、搾りかすと言われるほどさまざまな成分が含まれているわけではありません。むしろ、昔は調味料として使われていたぐらい、糖分が多く含まれているのです。悪いものを使っているわけではないのですね。

ラムの定義は「サトウキビの蒸留酒である」だけです。サトウキビの産地には必ずラムがあるといってもいいでしょう。4万種類もあるというのがうなずけますね。

船と関わりが深いラム

映画『パイレーツ・オブ・カリビアン』に代表されるように、ラムといったら海賊や船乗りが飲むお酒というイメージを持っている人も多いかもしれません。実際にそれは正しく、ラムは船乗りを経由して世界中に広まったお酒です。

十五世紀初めから始まった大航海時代において、長時間海上にいる船乗り最大の楽しみは、毎日支給されるお酒でした。最初はビールだったのですが、冷蔵庫がない時代ですからあまり日持ちしません。そこで、イギリス海軍がラムを採用したのです。蒸留酒であるラムは悪くなりにくく、度数も高いため、ビールと同じ量のアルコールを積もうと思っても少量で済みます。まさに、長期間の航海にうってつけのお酒でした。

ラムは1日にハーフパイント(284㎖)支給されていました。これはかなり多い量です。一度に飲み過ぎて酔っ払ってしまい、船内の規律が乱れるような事件が多々起きるようになりました。そこで、エドワード・バーノン提督が水を加えて支給するようにしたのです。このバーノン提督はグログラムという絹と毛の混紡の外套を身につけていたので、「オールド・グロッグ」というあだ名がありました。そこからラムの水割りを「グロッグ(grog)」と呼ぶようになったのです。

このグロッグも、飲み過ぎると酔っ払うお酒なのは間違いありません。そこで、お酒に酔ってべろべろの状態を表す「グロッギー（groggy）」という言葉が生まれました。日本語では「グロッキー」としてよく使われていますが、これはラムから生まれた言葉なのです。

このグロッグですが、もう一つ重要な役割を歴史上で果たしています。当時の船乗りの主な死因のひとつは壊血病というビタミンC不足からくる病気でした。予防するには、定期的にレモンやライムの果汁を摂取しなければなりません。そこで、グロッグに砂糖とライム果汁を混ぜて支給するようになりました。おかげで壊血病にかかる水兵が劇的に減少したのです。

他国の、たとえばフランスの海軍の場合。支給されたのはワインやブランデーでした。ワインには少しだけビタミンCが入っているものの、ブランデーには入っていないため、壊血病を予防できません。その差が、一八〇五年のトラファルガーの海戦において、フランス・スペイン連合艦隊をイギリス海軍が打ち破ることができた要因のひとつという話もあります。文字通り、ラムとライムが命運を分けたのです。

ちなみに、イギリス海兵のことを馬鹿にする「ライミー」という呼び方も、このお酒からきているといわれています。

通貨としてのラムと三角貿易

ラムを造るにはサトウキビが必要です。そして、ラムの産地として名高いカリブ海の島々には元々サトウキビはありませんでした。大航海時代に、クリストファー・コロンブスによって広められたのです。コロンブスが最初の航海でカリブ諸島を「発見」し、そこは砂糖の生産に理想的だと断言して、サトウキビが持ち込まれ、栽培が始まりました。最初はスペイン領カリブ諸島と、南アメリカ大陸のポルトガル領ブラジルで主に栽培されたのです。

ここで本来なら、現地の人を使ってサトウキビから砂糖を生産したいのですが、先住民はヨーロッパから持ち込まれた疫病で倒れてうまくいきません。そこで、アフリカから奴隷を直接連れてきて、砂糖を生産したのです。

アフリカの奴隷商人が奴隷と交換するために要求したもので、一番欲しがっていたものは強いアルコール、すなわち蒸留酒でした。最初はブランデーが、次第にラムが奴隷と交換されていったのです。こうしてラムが通貨代わりになることで、奴隷と砂糖と蒸留酒という「三角貿易」が完成しました。アフリカから奴隷をカリブ海に連れて行き、砂糖を生産する。カリブ海からサトウキビの糖蜜をアメリカのニュー・イングランドに運び、ラムを造る。できあがった砂糖やラムをヨーロッパへ持って行く。ヨーロッパからラムや武器や綿織物をアフリカに運び、奴隷と交換する、というものです。何故ここにアメリカが登場するかは後述します。

また、当時のアフリカではカヌーの漕ぎ手や見張りへの支払いも、ラムで行っていたとか。給料の代わりにラムを配るというのは、日本の江戸時代にお米で俸禄を支払っていたことを彷彿《ほうふつ》とさせますね。本当に通貨の代わりとしてラムが使われていたのです。時にはラムと金塊が交換されていたという話もあります。

ラムの発展の裏側には、現代では許されない奴隷貿易がありました。しかしこれも、金とすら交換してもいいと思えるほどのラムの魅力といえるかもしれません。こうしてラムは世界中に広まっていったのです。

アメリカの独立もラムのおかげだった!?

アメリカの植民地時代に、入植者達が困っていたのがアルコールの確保でした。当時のアメリカの東海岸側（内陸はまだ未開拓だった）ではビール造りに使える穀物の栽培が難しく、輸入するか、もしくはとうもろこしやカエデの樹液、カボチャ、リンゴの皮などを原料にした独自のビールを造らざるを得なかったのです。

ここで登場するのがラムです。わざわざヨーロッパからお酒や原材料を輸入しなくても、ニュー・イングランドでラムを生産するようになったため、はるかに安く手に入れることができるようになったのです。当時のフランスでは、ブランデーを守るために、植民地でラムを造ることが禁じられていました。そこでカリブ海のフランス領の島々では、糖蜜をニュー・イングランドの酒造業者に売っていたのです。捨ててしまうよりも売れるなら売った方がいいですよね。フランス領の島々の方がイギリス領の島々よりも質のいい糖蜜をたくさん製造していたため、ニュー・イングランドのラムの評判が上がり、どんどん主要産業となっていき、三角貿易の一端を担うことになったのです。

そうなると面白くないのはイギリスです。他国を儲けさせるわけにもいきませんので、イギリス領の糖蜜を中心に使わせたい。というわけで、他国の糖蜜に高い関税をかける糖蜜法を制定します。いったんは砂糖法で関税が減ったものの密貿易の取り締まりは強化され、その後もイギリスは印紙法、タウンゼント法、茶法とアメリカを締め付けるためのさまざまな法律を作りました。そして、とうとうイギリスに対する不満が爆発してボストン茶会事件などが発生し、独立戦争が勃発したのです。アメリカの独立にも、ラムがその根本にあったと考えると、酒飲みの執念は恐ろしいといえますね。

ラムは飲んで楽しくなるお酒!

こんなにも多くの人を惑わし、魅了してきたラム。いったいどこにその魅力があるのでしょうか。

安価で、しかもアルコール度数が高いということは重要な要素です。でも、「飲んで楽しくなるお酒」という面が大きいでしょう。サトウキビを造っているところは基本的に高温多湿で体力の消耗が激しく、食欲がなくなる気候です。そこにラムを飲んで、強いアルコールで胃を動かすのです。いわば食前酒ですね。ラムを飲み、食事を取り、歌って踊って陽気に過ごすことで生きる活力を得ていたのです。

また、サトウキビを原料としていて、さまざまなものと相性が良かったのも見逃せません。グロッグやティ・ポンシュを始め、モヒートやラムコークといったカクテルにしたり、スパイスやフレーバーを加えるスパイスドラム(スパイストラム)、さらには高い度数を活かしてラム漬けにして食べものを保存するのにも使われました。

こういったところが、現在までのラム人気につながっているのだと思います。

九時間目

Lesson 9

まとめ

ラムは
サトウキビの糖蜜（廃糖蜜）で
造られる

廃糖蜜といっても
悪いものではない

世界の歴史において、
非常に重要な役割を果たし、
時には通貨にもなった

大航海時代との関連性で、
世界中に広まった

ラムは飲んで
楽しくなるお酒！

十時間目
Lesson10

ラムにはどんな種類があるの？

九時間目ではラムがいかにして世界を変えてきたのかをお話ししました。いよいよ本格的にラムを選んでいきましょう。

とはいっても、ラムの種類はとても多く、どういうタイプがあるのかがわからないとなかなか好みの味にたどり着けないことも確かです。まずは味わいに大きな影響を与える原材料の違い、そして色の違いについて学んでいきましょう。

どんどん更新される日本のラムとその知識

本格的に用語を学ぶ前に、ひとつだけ注意事項を。実は日本において、ラムおよびラムに関する情報は現在急速に整備されている最中なのです。

ここ数年で、日本で手軽に飲めるラムの種類はすごいスピードで増え続けています。九時間目に少しお話しした通り、ラムは非常に種類が多いお酒です。そのため、今気に入るものがなかったとしても、世界のどこかに好みのど真ん中のラムはきっとある、そしてそれはいずれ日本でも手軽に飲めるようになる、ということを頭に入れておきましょう。

ラムの生産は、現在の生産国が植民地であった時代に始まりました。スペイン・イギリス・フランスなどが旧宗主国であったので、ラムに関する情報も、スペイン語・英語・フランス語のものが充実しています。つまり、日本で最新の情報を得るために、それなりの壁があったのです。そうすると、最新の情報に更新されるのに時間がかかることになります。ずいぶんと昔に使われていた便宜的な用語がそのまま残っていたり、誤用が訂正されることなく定着してしまったり、例えばフランス側からの限定的な呼称が用いられたりということが、今でもなお見られるのです。

現在は、日本ラム協会がそういった情報を整理して最新のものに更新しつつあります。そのような事情を考慮して、本書では、他の書籍などで広く使われている用語でも、古かったり間違っていたりする場合は、その旨を記載しています。

ラムの知識は、現在進行形でどんどん更新されているのです。

原材料によるラムの違い

ラムはサトウキビの醸造酒を蒸留して造られるお酒です。でも、サトウキビといいつつ、原材料をどのような状態で使うかによって、トラディショナル、アグリコール、ハイテストモラセスの3つに分けることができます。

世界のラムの大半を占めるトラディショナル

トラディショナルはサトウキビから砂糖を精製したあとのモラセス、つまり糖蜜を発酵させて造ります。以前はインダストリアル（工業）ラムと呼ばれていました。今でもそういった呼称を見かけることもあります。ただしこれは、アグリコール製法を始めたフランスがトラディショナルとの差別化を図ろうとして出てきた呼び方です。あくまでもフランス側からの意見に過ぎませんし、別に工場で化学的に生産をしているわけではありません。

現在も過去もインダストリアルという呼び方はラベルにも記載されていませんし、ラム全体を見渡して考えたときにはこの呼び方は妥当ではないと思います。現在では、日本国内でもトラディショナルという言葉が主流になりつつあります。

トラディショナルのいいところは、いつでも好きなときに醸造できるということでしょう。モラセスを貯蔵さえしておけば、サトウキビの収穫時期に関係なく醸造酒を造ることができ、そこからラムを造ることができるのです。また、モラセスを輸入することで、サトウキビの生産地以外でもラムを造ることができます。トラディショナル製法で造られたラムは、すっきりして飲みやすい味わいになります。

現在のラムのうち、トラディショナルは85%ぐらいを占めています。

風味豊かな味わいになるアグリコール

アグリコールはモラセスを使わずに、サトウキビジュースから造るラムです。当たり前ですが、サトウキビジュースの段階ではたっぷりと糖分が含まれていますし、その後の過程で取り除かれる成分も多く含まれています。そのため、アグリコールでは濃厚で風味豊かな味わいのラムになります。

アグリコールで使うサトウキビジュースは、搾った直後から劣化していくため、すぐにお酒にしなければなりません。そのため、サトウキビを収穫している時期(約5ヶ月)しか造れないという欠点があります。

十九世紀後半にフランス領で確立した製法ということもあって、フランスではアグリコールが主流となっています。

最先端の造り方、ハイテストモラセス

ハイテストモラセスとは、モラセス（糖蜜）ではなく、サトウキビジュースを加熱して濃縮し、シロップ状にしたものです。このシロップを使って醸造酒を造り、ラムにしたものをそのままハイテストモラセスと言います。

ハイテストモラセスは砂糖を精製するときの副産物ではなく、意図的に造るシロップです。そのため、通常のモラセスに比べて糖分の含有量が高いという特徴があります。ハイテストモラセスで造ったラムは、アグリコールとトラディショナルの中間の味わいになります。

味の濃さでいうと、アグリコール＞ハイテストモラセス＞トラディショナルと覚えておきましょう。

熟成によるラムの違い

原材料の違いだけではなく、ラムはどのような熟成をしたかによっても、種類が分かれます。主に色で判断されるのですが、実はここに国際的な統一規格がないため、若干曖昧な部分があります。熟成によるラムの違いには、ホワイトラム、ダークラム、ゴールドラムがあります。

これらの違いは基本的には貯蔵方法や期間によります。ラムもウイスキーと同じように、蒸留酒を造った後に樽で保存・熟成を行います。そのときに使う樽の種類や、期間によって色や風味が変わるのです。

ちなみに、ラムの主な産地である高温多湿な気候では、長期間の熟成を行うことが難しくなっています。というのも、樽から抜けていく分、つまり天使の分け前が1年で10%にもなるからです。そのため、高地や涼しいヨーロッパで貯蔵されます。

透明で別名がシルバーラムのホワイトラム

ホワイトラムは文字通り透明なラムです。造り方はいくつかあるのですが、内側を焦がしていない樽で貯蔵して活性炭などで色と香りを取り除いたタイプと、蒸留した後に割り水（加水）をして3年未満のタンク熟成をさせるタイプなどがあります。ウイスキーなどに見られる褐色は焦がした樽からつくことが多いため、焦がしていない樽やステンレスタンクなどでは色がつきにくいというわけです。

サトウキビや糖蜜の味わいを感じることができるラムです。癖が少ないのでカクテルにもよく使われます。

焦がした樽で熟成させるダークラム

一方のダークラムは、濃褐色の色合いを持ったラムです。ウイスキーよりも濃い色合いなので、ダークという名がついているのでしょう。内側を焦がした樽（バーボン樽が多い）で3年以上熟成をさせます。そのため、樽の香りがラムに移ります。もちろんバーボン樽だったらほのかにバーボンのような香りが、シェリー樽だったらほのかにシェリー酒のような香りがつきます。

熟成酒ならではの濃厚で複雑な香りを楽しむことができます。

ウイスキーに似た色合いのゴールドラム

ゴールドラムはダークラムよりも淡い色合いの、ウイスキーに近い褐色のラムです。別名を「アンバーラム」といいます。造り方にはいくつかあり、内側を焦がした樽（これもバーボン樽が多い）で3年未満熟成させたものや、カラメルなどで着色したもの、ダークラムとホワイトラムを混ぜ合わせて造るものがあります。

ホワイトラムとダークラムの中間のような味わいと香りをしています。果実やハーブなどの香りをつけたフレーバーラムにもよく使われています。

いろいろな造り方があるところからもわかるように、これらの分類には国際規格がありません。ただ、だいたいの目安としては、ダークラムを名乗るものは3年以上の熟成期間を持っていて、ホワイトラムやゴールドラムは3年未満の熟成期間ということでしょうか。もっとも、ゴールドラムにも3年以上熟成させたダークラムをブレンドしているものもあるので、これも正確とはいえませんが、それでも目安にはなるでしょう。

もうちょっときちんとならないのかと思う方もいるかもしれません。でも、このあたりがラムの自由さと楽しさを表しているともいえるのです。

十時間目

Lesson10

まとめ

ラムは製法や熟成によって
分けることができる

トラディショナルは
糖蜜を使って造る

アグリコールは
サトウキビジュースを
直接使って造る

ハイテストモラセスは
サトウキビジュースを
濃縮したシロップで造る

熟成と色合いで
ホワイトラム、ダークラム、
ゴールドラムという分類もできる

十一時間目

Lesson 11

ラムはどう選べばいいの？

ラムは自由なお酒でもありますが、自由すぎる面もあります。例えばラベルを見てお酒選びの参考にしようとしても、色も瓶も統一感があまりないため、ラムかどうかすらわからなかったりします。そしていざラムを見つけても、そのラムがアグリコールかどうかがわかるだけ、だったりすることもあります。では、どう選んだらいいでしょうか？

たくさんある「ラム」という言葉

そもそもこれがラム酒だとどこで判断をすればいいのか。普通のお酒だったら表ラベルにそのお酒の種別が書かれています。でもラムの瓶をよくよく見てみると、全てラムのはずなのに表記が違うものがあるのに気づくでしょう。ＲＵＭとＲＯＮとＲＨＵＭですね。これらはもちろん全て「ラム」の意味です。

この表記は、それぞれのラムを造った国の、植民地時代の宗主国による違いからきています。ＲＵＭは英語表記ですから旧イギリス領。ＲＯＮはスペイン語表記なので旧スペイン領。ＲＨＵＭはフランス語表記なので旧フランス領というわけです。

植民地で造られていたラムは、それを支配していた国に出荷する目的で生産されていました。そのため、宗主国好みの味わいになるように造られましたし、ラベルも宗主国の言語で書かれていたのです。


イギリスで好まれていたのは少し重めで、スコッチのような味わいのラムです。ウイスキーと同じようなタイプの蒸留器で蒸留しているのも、似たような味わいになる要因でしょうか。ジャマイカやトリニダード・トバゴ、ガイアナなどの国で作られたものが該当します。ＲＵＭと書かれていたら、重厚な味わいのラムを想像するといいでしょう。

スペインではすっきりとしていたり、甘みのあるラムが好まれました。グァテマラやプエルトリコ、キューバなどが旧スペイン領です。甘くてこってりとした味わいのラムが飲みたかったら、ＲＯＮと書かれているものを選ぶといいかもしれません。ただし、すっきりとしたタイプのものになる可能性もあります。

フランスは、まるでブランデーのような華やかな味わいのラムが特徴です。こちらもブランデーのような蒸留器を使っているので、似た味わいになっているのでしょう。旧フランス領系のラムは、ハイチやマルティニーク島（現在はフランスの海外県）などですね。RHUMと書かれていたら、華やかな香りを楽しむことも意識してみましょう。

ラベルで一番簡単な分類は、上記の通りです。もちろん何事にも例外はありますので、当てはまらないラムも多々あります。それでも、旧宗主国による味わいの傾向は一定数ありますので、これをラム選びの基準にするのです。

風味によってライトラム、ミディアムラム、ヘビーラムという分類方法もありました。味わいが軽いもの、重いもの、その中間ということですね。ただしこの分類方法は古く、ラベルにも記載されていないので、あまり気にしないでも大丈夫です。

華やかなフレーバーのついたスパイスドラム

ラムには最初からさまざまな香りをつけたスパイスドラム（スパイストラム、フレーバードラムとも）があります。日本でスパイスというと、カレーの香辛料のような刺激的で辛いものを想像してしまいがちですが、辛い香りのするラムというわけではありません。バニラやシナモン、フルーツなどの香りをつけたラムなのです。

もともとは、薬草を漬けて薬としていた風習や、蒸留技術の問題でそのまま飲むには癖が強いラムを飲みやすくするためにスパイスや砂糖などを加えたところから発展していきました。ストレートで飲むとフレーバーを十分に楽しむことができますし、カクテルにすると、普通のラムとはまた違った香りがして楽しいですよ。

バニラ系の甘やかな香りで飲みやすく、スパイスドラムが「人生を変える一杯」となって、その後ラムにはまっていったという人も多いです。

結局どうやって選んだらいいの？

ここまで学んできて、情報量の多さに少し混乱している人もいるかもしれません。結局のところ、どういうラムを選べばいいのかわからないという人もいるでしょう。

今までに学んできた分類でも、少し違うだけで別のお酒のような印象を受ける。それがラムです。そのため、多くのバーテンダーさんは、今までにどんなお酒を飲んできたか、どういうお酒が好きかを聞いてから、おすすめのラムを出したりすることも多いのです。

ラムに詳しいお店が近くにない人や、まったくの初心者の場合。やはり、味わいの「基準」となるお酒を決めて、好みの方向性を探っていくのがいいと思います。今回は「基準」

を作りながら、どう飲み比べていくといいのか、その方法を紹介します。

最初に、ホワイトラムとゴールドラムとダークラムを飲み比べてみましょう。「色」で判断をするのです。ラムも熟成によって味わいが大きく変わるため、まずは3種類のラムを飲んで自分の好きな方向性を探ります。ホワイトラムが好きなのか、ゴールドラムが好きなのか、ダークラムが好きなのかを把握しましょう。これを自分のラムの「基準」にするのですね。なお、このときにはできるだけトラディショナルのものを選びましょう。ラベルに何も書かれていなければ、トラディショナルです。

ホワイトラムが好きな人は、製法の違いを試してみましょう。トラディショナルだけではなく、アグリコールやハイテストモラセスを味わってみるのです。熟成感が増すと、これらの違いを感じにくくなるため、ホワイトラムで飲み比べをするとわかりやすくなります。これにより、サトウキビの風味が強い方が好きなのか、そうでないのかがわかります。

すっきりとした味わいのトラディショナル
風味豊かで複雑な味わいのアグリコール
その中間が欲しかったら八イテストモラセス

ゴールドラムが一番好きな人は、旧宗主国の飲み比べをしてみましょう。それぞれの産地の旧宗主国によって味わいが変わります。どの国がどこの植民地だったかを覚えていなくても、RUMやRON、RHUMの表記によって区別することができます。

濃い味わいのものが欲しかったらRUM（旧イギリス領）
すっきりとした味わいが欲しかったらRON（旧スペイン領）
甘めの味わいが欲しくてもRON（旧スペイン領）
RUMほど濃いものが欲しいわけじゃないときにはRHUM（旧フランス領）

ダークラムが大好きという人は、ゴールドラムと同様に旧宗主国別を試してみると共に、より香りの強いスパイスドラムを試してみるのも面白いです。スパイスドラムかどうかは、ラベルに記載されています。

ラムを選ぶときのコツは「色」→「ラベル」です。一番味に対する影響が大きい、熟成度合いでまずは自分の好みの方向性を見定め、その中でより好みに合うお酒を探していくのです。

ラベルに書かれているのは製法（アグリコールかどうか）と、ラムの表記、そしてスパイスドラムかどうかです。色合いで判断した後に、ラベルの内容で飲み比べていくという流れですね。

ここまでの流れを表にまとめてみました。もちろん必ずしもこの通りにしなければならないというわけではありません。あくまでこれは味わいの違いがわかりやすく、好みの傾向を探りやすい飲み方なのです。好きな味の方向性がわかったら、どんどん掘り下げていきましょう。

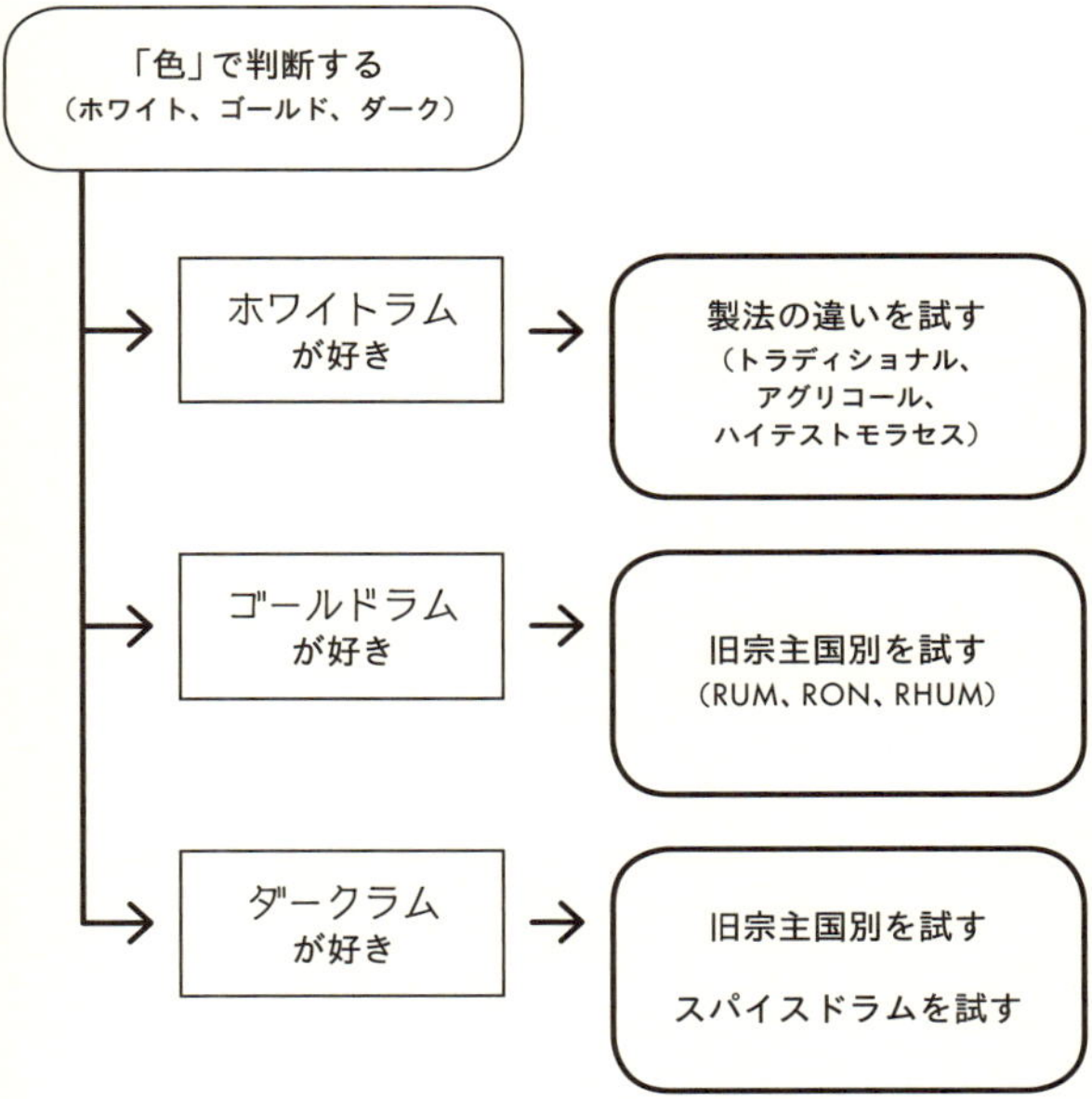

十一時間目

Lesson11

まとめ

ラムには
「RUM」「RON」「RHUM」
の表記がある

旧宗主国に従った表記で、
今のラムの風味も
それぞれ分けられる

ラベルに確実に書いてあるのは
ラムの名称と、
アグリコールなどのみ

まずは「色」で選び、
そこからラベルに書いてある内容で
飲み比べよう

それぞれの特徴をつかんで
ラムを選ぼう

十二時間目

Lesson12

ラムはどう飲めばいいの?

十一時間目までで、ラムの選び方を学びました。いよいよ実践です。ラムを飲んでいきましょう。とはいっても、ラムの自由さは飲み方にも表れます。他のお酒よりも何でもありと言っても過言ではありません。

ただし、最初のうちは世界中で飲まれているような飲み方で味わってみることをおすすめします。アルコール度数の高い蒸留酒は、一歩間違えると簡単に酔いつぶれてしまったり、味がわからなくなるからです。

というわけで、ラムをどのように飲んだらいいのかを見ていくことにしましょう。

理想はやっぱりストレート!

ラムは非常にアルコール度数の高いお酒です。ウイスキーよりも高い、アルコール度数が50度以上のものも少なくありません。ではどう飲むのが理想かというと、全ての魅力を味わうのだったらやっぱりストレートになります。五時間目のウイスキーの飲み方と同じような飲み方で、ラムのストレートに挑戦してみましょう。コツはとにかく「ゆっくり」時間をかけて「少しずつ」味わっていき、チェイサーを合間にしっかりと飲む、です。

どんなラムでストレートに挑戦するべきか。それは、十一時間目で学んだやり方で選んでいきましょう。まずは色合いで判断するのです。ホワイトラム、ゴールドラム、ダークラムを少しずつ飲んでみてください。このときは水割りでもかまいません。その中で少しでも気に入ったものがあったら、ストレートで飲んでみましょう。

また、初めてストレートで挑戦するのなら、いきなりスパイスドラムを飲んでみるのもいいかもしれません。バニラで甘い香りをつけてあるタイプのものを選びましょう。甘い香りで口当たりが良くなっていることと、アルコール度数が低めのものが多いため、初心者でも飲みやすいとされています。

慣れた人は、チェイサーを変えてみるのも面白いです。水の代わりにミルクにしたり、珈琲にしてみましょう。それらの味わいとラムの風味が合わさって、また別の味が生まれます。飲むときに全部混ぜてしまうカクテルとは違う、ラムと他の飲み物を別々に飲んでいくのはストレートならではの楽しみ方です。こんなところにもラムの自由さが表れているのですね。

ストレートがきついという人は、オンザロックス、つまりロックで飲んでみるのもいいでしょう。こってりとした甘さのラムの場合、ロックの方がよく味がわかるという人もいます。温度が下がることと、少し水分が増えることによってアルコールの刺激が薄まり、甘さがよくわかるということですね。甘味そのものは温度が高め（体温と同じぐらい）が一番よくわかるのですが、低い温度でもアルコールの刺激を弱めることで甘さを際立たせるというのは面白い飲み方といえます。

ラムをいろいろなもので割ってみよう

とはいっても、ストレートやロックでもきついという人も多いと思います。そんなときには、何かで割ってしまうのも一つの手です。

ここで普通に水や炭酸水を加えてもかまいません。ですが、チェイサーを変えてみようのところで紹介したように、ミルクや珈琲を使うのも面白いです。カクテルのように、分量を正確に量らなくてもおいしいです。紅茶だったら、チャイのようにスパイスを入れるものによく合います。そうして飲んでいくうちにだんだんとラムの割合を増やしていくのです。

単に水で割るだけではなく、自由に楽しめるのもラムの大きな魅力なのですね。

カクテルの材料としてのラム

ラムはさまざまなカクテルの材料としても活躍しています。一番有名なのがモヒートですね。ラムにソーダ水、ライム、ミントを加えたカクテルです。今ではコンビニでも買うことができますので、見たことがある、飲んだことがあるという人も多いのではないでしょうか。

また、コーラと合わせるキューバ・リバー（キューバ・リブレ、クバ・リブレとも）も有名です。キューバ・リバーは第二次キューバ独立戦争時のViva Cuba Libre（キューバの自由万歳）というスローガンからきています。キューバを解放したアメリカの自由の象徴のコーラと、当時の地元で最も有名だったバカルディ社のゴールドラムとを合わせ、そこにライムを入れたカクテルです。ラムコークはそこからライムを抜いたものとされています。

が、レシピは諸説あるようです。

ちなみにこのバカルディ社は、カクテルの名前にもなっています。販促のために作られたカクテルなので、バカルディ社のホワイトラムを使わなければ正式なバカルディ・カクテルにはなりません。ラムにライムジュースとグレナデンシロップを加えたもので、今も世界中で愛飲されています。

これらのカクテルを見てもわかるように、ラムはライムとの相性が抜群です。ライムの香りはある種のアルコール臭さを軽減しますので、飲みやすくなるのもポイントでしょう。ラムに親しむためにも、カクテルから入ってみるのも悪くはありません。


ラムは自由なお酒です。飲み方も自由自在であることは間違いありません。例えばびっくりするような高いラムをラムコークにして飲んでもいいのです。意外とそれで、高いラムはコーラの風味に負けないということがわかるかもしれません。もしくは、そんなに高くないラムの方がラムコークにするには適しているとわかるかもしれません。

ただ、やっぱり一度はストレートに挑戦をしてみて欲しいところです。このお酒はどういう香りを持たせて、どんな味わいにしているのか。その全てを味わうにはストレートが最適なのです。

ウイスキーよりも高いアルコール度数を持っているお酒ですが、高い度数は意外と慣れるものです。強いアルコールの刺激が飲むときの障害になると思うのですが、刺激には慣れるものだからです。ときどきゆっくりとストレートを飲んで、慣らしていくのもいいですね。

十二時間目

Lesson12

まとめ

ラムの飲み方も
理想はストレート

ストレートを飲むときは
「ゆっくり」
「少しずつ」

水で割って飲んでもいいし、
ミルクや珈琲や紅茶で割ってもいい

カクテルで飲んでもいい

高い度数には慣れるので、
じっくりストレートに
挑戦していこう

カクテルや料理におけるラム

ラムはまた、単に飲むだけではなく、お菓子に使われたりカクテルで使われたりすることが多いお酒でもあります。ラム編の最後では、ストレートで飲むのではなく、ラムのいろいろな楽しみ方についてまとめてみます。

ラムとカクテルの相性はとてもいい

十二時間目で少し触れたように、ラムを原材料としたカクテルはたくさんあります。もともとがライムを加えて壊血病の予防として使われたこともあるためか、何かを加えて飲むというイメージが強いのかもしれません。

いろいろなものを加えたラムのカクテルの代表は、ラムパンチです。このパンチですが、別の発音だと「ポンチ」、つまりフルーツポンチなどのポンチと思えば、どのようなカクテルになるのか想像しやすいのではないでしょうか。パンチはもともとはインドのヒンディー語で「5」を意味するパンチからきているとされています。蒸留酒、砂糖、レモン果汁、水、香辛料か紅茶を使ったカクテルをもともとインドではパンチと呼んでいました。そこから転じて、蒸留酒にはラムを使い、レモン果汁やフルーツジュースなどを加えたものがラムパンチです。大きなボウルにフルーツを入れて、フルーツポンチスタイルにするラムパンチもあります。ラムとフルーツの組み合わせはとてもおいしく、大きなボウル一杯のラムパンチをパーティーなどで用意したら、盛り上がること間違いなしですね。

ラムにはまた、温かいカクテルもあります。ホットバタードラムはダークラムに無塩バターと角砂糖、そして熱湯で作ります。レモン果汁やシナモンスティックを使うものもあります。溶けたバターのコクと、ラムの香りによって身も心も温まるカクテルです。寒い日にはこういう飲み方もいいですね。

食事とラムはどう合わせればいいの?

ラムを飲むときに気になるのは、食事とどうやって合わせたらいいかということではないでしょうか。ストレートで飲むときには、食中酒というよりは食前酒や食後酒に向いています。では全てのラムが食中酒に向いていないかというと、そんなことはありません。

例えば日本の食事の場合、ウイスキーではジャパニーズウイスキーが合わせやすいように、日本で造られたジャパニーズラムは合わせやすいです。数は少ないのですが、日本でもラムは造られているのですね。

また、ラムとは表記されていませんが、日本で造られたサトウキビ由来の蒸留酒といえば、黒糖焼酎があります。サトウキビの搾り汁を煮詰めて黒糖にして、そこからお酒を造り蒸留する黒糖焼酎は、広義のラムといえます。黒糖焼酎を食事に合わせる感覚で、ラムを食事と合わせればいいというわけです。黒糖焼酎の産地である奄美の料理、例えば鶏飯《けいはん》などはダシに黒糖焼酎を入れて調理するので、よく合います。

いずれにせよ、お酒が強い人でない限りは、食事中に飲むときは水で割ってアルコール度数を下げた方がいいでしょう。

しっかりとした料理ではなく、軽くつまむだけでいいという場合には何をつまめばいいのでしょうか。そういうときにはお菓子やドライフルーツがおすすめです。例えばラムレーズンはラムに漬けたレーズンですから、漬ける前のレーズンをつまみながらラムを飲むと、これがまたすごくおいしいのです。もちろんレーズンだけでなく、他のドライフルーツも良く合います。他にも、黒糖を使ったお菓子はだいたいラムとよく合うと覚えておくといいでしょう。一番のおすすめは、ふ菓子です。あのサクサクとした黒糖の香りが強いふ菓子があれば、ずっとラムを飲んでいられるというぐらいの好相性なのです。

もちろん、ラムを使ったお菓子も味わいの邪魔をしないので、合わせやすいです。ラムレーズンを使ったケーキやアイスなどはその代表でしょうか。ラムを飲んだときに、なんとなくどこかで味わったことがあると感じる人は、こういったお菓子に慣れ親しんでいる可能性があります。

作品に出てくるラム

最後にちょっとだけ。ラムは歴史があるお酒なので、意外とさまざまな作品に登場しています。有名なのは映画『パイレーツ・オブ・カリビアン』シリーズでしょう。この映画が公開された後、イギリスではラムが飛ぶように売れたそうです。

日本の作品で登場するのは、アニメ『機動戦士ガンダム』でしょうか。ガルマ・ザビの国葬で、ギレン・ザビによる「諸君らが愛してくれた弟のガルマは死んだ。何故だ！」という演説をテレビで見ながらシャアが「坊やだからさ……」とつぶやく印象的なシーン。ガンダムを見たことがないという人でも、ネタとして知っている人は多いかもしれません。あの場面でシャアが飲んでいたお酒がラムなのです。そもそもその中継を見ていたのが南米のベネズエラにあるカラカスのバーなので、ラムを飲んでいてもおかしくはありません。アニメでは何のお酒かわからなかったのですが、安彦良和氏の漫画『機動戦士ガンダム THE ORIGIN』では「LA MAUNY」というラムがはっきりと描かれています。

これらの作品に登場するラムを飲みながら、作品世界に浸るのもいいですよね。

十三時間目

Lesson13

まとめ

ラムはカクテルのように
何かを加えて飲むお酒という
イメージが強い。
そこも含めて自由なお酒

ラムパンチをボウルで作るような
パーティー向けの飲み方も
たくさんある

ホットバタードラムのように、
温かいカクテルもある

食事に合わせるときは、
黒糖焼酎を基準に考えると
わかりやすい

さまざまな作品に出たラムを
作品を思いながら飲むのも楽しい

コラム③

1杯の量はどのぐらい？

蒸留酒を飲むときに、1杯にはどのぐらいの量が入っているのでしょうか。1杯分を表す言葉には「シングル」や「ジガー」や「ワンショット」や「ドラム」などがあります。これは、それぞれ違うものなのか、同じ量なのか、気になりますよね。

「ドラム」は、もともとは薬の量を示す言葉でした。約4㎖です。ギリシア語のドラクメーが語源で、ドラクマ銀貨およびそれと同じ重さの薬の量を表していました。それがだんだんお酒の1杯を表す言葉になったのですが、量は適当だったようです。こちらはイギリスで使われていました。

「ショット」はアメリカで生まれた言葉で、「強いお酒の1杯分」を意味しています。ワンショットがどのくらいの量か。これも酒場によって注ぐグラスの大きさが違うため、定量が決まっていません。この言葉がうまれたときは、だいたい30㎖から、多い場合では90㎖まであったそうです。

「ジガー」はアメリカの液量単位で、45㎖を表しています。ところがややこしいのは、イギリスでは60㎖を示すものだということです。でも、混乱することはありません。イギリスではほとんどジガーは使われていないからです。45mℓと思うといいでしょう。

「シングル」が一番わかりやすい用語かもしれません。ダブルだとシングルの倍、トリプルだと3倍なので、お酒の単位の基本にもなっています。ただし、量はこれまたややこしく、アメリカだと30mℓ、イギリスだと45mℓ、スコットランドだと60mℓなのです。日本ではアメリカ式の30mℓが一番多いのですが、お店によってはイギリス式で45mℓのところもありますので注意が必要です。

あとは、「フィンガー」でしょうか。主にウイスキーのストレートを飲むときに使われる用語で、２４０mℓぐらいのタンブラーにお酒を入れたときに、指1本分の高さまでがワンフィンガー、２本分がツーフィンガーとなります。量はだいたい30mℓだと思えばいいでしょう。

いろいろありましたが、日本では基本的に1杯分は30mℓと覚えておけばいいと思います。アメリカ式のシングルですね。もし外で飲んでいるときに、このお店の1杯はちょっと多いかも？　と思ったら、質問すると教えてもらえます。１杯の容量を把握して、適量を飲んでいきましょう。

はリラックスするためのお酒

ブランデーは洋酒の女王と言われています
女王…？
私のブランデーのイメージは
悪そうなお金持ちが飲む
とびきり高級な外国のお酒
って感じでした
マフィア映画にありそうなシチュエーション
もちろんびっくりするほど高いものもあるけれど
お手ごろ価格で飲めるものもあるんですよ
¥1,057,800
¥8,532
Hennessy
そういえばブランデーケーキだったり紅茶に入っていたり
口にしていますね
そうそう
意外と身近に味わう機会があるお酒です

ブランデー

ブランデーの原料は
ぶどう
なんだかいい香りがしそう…
ブランデーワイン（燃やしたワイン）が語源です
つまりワインを蒸留し樽で熟成したのがブランデーです
ぶどうの香りに樽の香りが組み合わさり
複雑で豊かな香りをもつのがブランデーの特徴
この香りが女王なんじゃないかなと
水割りでもソーダ割りでも楽しめますが
食前酒にソーダ割り
豊かな香りを楽しむにはぜひストレートで
時間をつくり環境を整えゆっくり少しずつ飲むのがおすすめです
なんだか落ちつかない…
ツイッターみたい…
日常から離れて!!

十四時間目

Lesson14

ブランデーってどんなお酒？

ここからはブランデーのお話をしていきましょう。ブランデーはウイスキーと並んで、洋酒を代表する蒸留酒です。ウイスキーが洋酒の王様なら、ブランデー（コニャック）は洋酒の女王と称する人もいるぐらいです。なんとなくお洒落なお酒だったり、お金持ちが飲むお酒という印象を持っている人も多いのではないでしょうか。実際、映画や漫画の中で悪いお金持ちがグラスをまわしながら飲むお酒、というイメージの強いお酒でもあります。

一方で、ちょっと紅茶や珈琲に入れて飲んでみたり、お菓子に使ったり、料理に使ってみたりと、身近なお酒でもあります。遠いようで身近なブランデーについて、詳しくみていくことにしましょう。

ブランデーは果実のお酒を蒸留したもの

ブランデーは果実酒を蒸留したお酒です。一番多いのはグレープブランデーというブドウのお酒を蒸留酒にしたもの、つまりワインを蒸留したものですが、他のフルーツで造るタイプもあります。リンゴから造られたアップルブランデーや、サクランボから造られたチェリーブランデーなどですね。少しややこしいので、「ブランデー」とだけ言った場合はブドウのお酒（ワイン）から造られたものを指すことが多いようです。本書でもそれに倣います。

ブランデーの歴史はとても古いです。もともと、蒸留器は香水を造るために紀元前四〇〇〇年から三〇〇〇年ぐらいには簡易的なものが発明されていました。当時はお酒を蒸留していなかったようですが、八世紀にはアラビア人学者ジャービル・イブン・ハイヤーンが洗練された蒸留装置を考案し、さまざまな実験に用いるためにワインを蒸留した記録があります。これが、蒸留酒の始めという説が有力です。きちんとした飲み物としての記録はウォッカの方が古い（十世紀にはポーランドで造られていたという説がある）のですが、ブランデーの原型もそれに負けず劣らず歴史があるのです。

当時のブランデーは、飲むためではなく薬として用いられてきました。ワインが薬としても使われていたので、濃縮されたブランデーはもっと薬効が高いと考えられていたからです。十三世紀にはブランデーはラテン語の医学書に aqua vitae（アクア・ヴィータ）すなわち「命の水」として登場しています。これは飲んでも患部に塗ってもいいとされ、若さを保ち、記憶力を高め、脳や神経の病を癒やし、関節痛を取り除き、心臓に元気を取り戻し、歯痛を鎮め、失明や言語障害にも効果を現し、疫病も予防するという、万能薬として信じられていました。また、ワインよりも純粋で、火をつけると燃えるということから「燃える水」もしくは「燃やしたワイン」とも呼ばれていたようです。燃やしたワインを英語でいうと「brandywine（ブランデーワイン）」になり、略してブランデーと呼ばれるようになりました。

その後、薬としてよりも、飲むとおいしい上に簡単に酔っ払えるということに気づき、飲まれるようになっていったのです。蒸留の知識と共に各地に伝わっていき、いろいろな命の水が造られるようになりました。たとえばビールを蒸留したものはアイルランドに伝わり、アクア・ヴィータを意味するゲール語「ウシュク・ベーハー」になり、それがウイスキーになったのです。

ブランデーはフランスの英語なお酒？

十四世紀に、ブランデーはフランスへと伝わりました。ワインの産地であるフランスですから、ブランデーを造る原料には事欠きません。ブドウが豊作の年にはワインも大量にできるので、余ったワインを蒸留してブランデーも大量に造られました。ところがこれが思ったようには売れなかったのです。

困った業者は、イギリスに売ることを考えつきました。そうして輸出をしてみたところ、強いお酒が好きなイギリス人の間で大流行することになったのです。こういう理由があるので、フランスが一大産地でありながら、フランス語ではなく英語で「ブランデー」と呼ぶ方が一般的で、ラベルに記載されている内容も英語が多いのです。ちなみにフランス語では eau-de-vie（オー・ド・ヴィ、命の水という意味）と呼んだり、そこにワインがついてオー・ド・ヴィ・ド・ヴァン（命の水のワイン）と呼ばれることがあります。

大航海時代のブランデー

ラムと同様に、ブランデーも大航海時代に船乗りが飲むお酒として重宝されました。コンパクトで、日持ちがするからです。

そしてアフリカの奴隷商人との取引で通貨として用いられるようになったのも、ラムと同様です。というよりも、最初にブランデーが通貨として用いられるようになり、その後でより安価で使い勝手のいいラムが取って代わったという方が正しいでしょう。

何故お金と換算できるような価値がでたのか。蒸留酒は、自然にできることもある醸造酒よりもはるかにアルコール度数が高くなるお酒で、なおかつ設備がないと造ることができないというところがポイントです。アフリカではビールやヤシの醸造酒を飲んでいましたが、ブランデーはそれよりもはるかにアルコール度数が高く、簡単に酔えるお酒だったのですね。お酒を飲む目的として「酔う」ことに重きを置いていたアフリカでは、ヨーロッパの蒸留酒はどこでも大人気だったそうです。大人気なのに、自分達で造ることができないため、輸入に頼らざるを得ない。こうしてどんどん価値が上昇し、貿易における最重要取引物になったのでした。

当時は、アフリカで貿易をしたければ、現地の指導者と主要な貿易商には毎日ブランデーを贈るように、と言われていたほどです。さまざまな報酬にも賃金の代わりにブランデーを使っていたという記録もあります。最終的には蒸留酒・砂糖・奴隷の三角貿易に密接に関わることになったラムに取って代わられますが、ブランデーもまた、この三角貿易の一端を担っていたと言えるのです。

こうして大航海時代に船乗りが愛飲したり、主要取引物になったりすることでブランデ

ときに使われる

のに、主に白……は甘口ではない
ということでしょうか。

ワインを造るときには、ブドウに含まれている糖分が重要になります。二時間目に出てきた「糖を発酵させるとアルコールと二酸化炭素になる」ですね。糖分が多ければ多いほど、アルコール度数の高い、おいしいワインができあがります。ブドウは寒暖の差が激しいほど、環境が厳しいほど糖度を増すので、夏に暑くて冬に寒いほど、いいワインができあがります。

ところがブランデーは、蒸留をしてアルコール度数を高めるので、醸造酒の段階ではアルコールがそれほど含まれていなくても大丈夫です。それよりも大事なのは、蒸留しても残る香りの成分。これらは酸から造られますので、糖度よりは酸度の高いブドウの方が最終的にはいいブランデーになるのです。

そのため、多くのブランデー用に造られるワインは、アルコール度数7～8%ほどです。飲む用としては若干低めですが、これを単式蒸留器で2回蒸留することで、アルコール度数は40%以上になります。

できあがったばかりのブランデーは「ヌーベル」といって、荒々しい味わいの無色透明な蒸留酒です。これをウイスキーと同様に樽に入れて熟成させることで、ブランデーらしい色合いと豊かな香りをつけるのです。ただし、ある程度以上熟成させたら、天使の分け前などで減ってしまわないようにボンボンヌというガラス瓶に移し、後熟させます。

ブランデーはリラックスするためのお酒!

ブランデーの特長は、複雑で豊かな香りです。もともとの果実からくる甘い香りと、樽によってつけられるさまざまな香り。特に樽によってつけられる香りには森林浴と同じようなリラックス効果があるといわれています。そう、ブランデーは飲んで香りを楽しむことで、リラックスできるお酒なのです。寝酒としてブランデーが有名なのも、このリラックス効果によるところが大きいでしょう。

また、甘い香りでアルコール度数の高いブランデーは食後酒にぴったりです。デザートを味わったような満足感と、強いアルコールによって胃を活発にし、消化を促進できるからです。

もちろん水割りやソーダ割りにして、食前酒や食中酒にしてもかまいませんし、カクテルで飲むというのもいいでしょう。ただ、ブランデーをストレートで飲むときには、リラックスするために飲むと覚えておきましょう。

十四時間目

Lesson14

まとめ

ブランデーは
果実酒を蒸留したもの

フランスのブランデーでも
英語表記部分があるのが一般的

大航海時代に
世界中に広まった

ウイスキーと同じように
樽熟成させる

ストレートで飲むと
リラックスできる

十五時間目

Lesson15

ブランデーは親しみやすい？　親しみにくい？

ブランデーは不思議なお酒です。というのも、お酒を飲まなかったり飲めなかったりする人でも、ブランデーを使ったお菓子や料理を口にしたことがあるという人が多いからです。ブランデーを飲んだことがない人でも、なんとなく香りが思い浮かぶのではないでしょうか。

その一方で、ブランデーをしっかり飲んだことがあるという人は少なかったりします。BARでさまざまなブランデーを置いていて飲み比べができるお店は、なかなかありません。親しみやすいような、親しみにくいような、不思議な状況にあるお酒。それがブランデーなのです。

洋菓子作りや料理にもブランデーは使われる

ブランデーなどの蒸留酒が洋菓子に使われるのには、いくつか理由があります。ひとつは、香りです。甘い香りで卵やバターなどの臭みを覆って、やわらげる効果があります。もちろん、風味が加わってよりおいしくなる効果もあります。

粉っぽさを和らげる効果も見逃せません。例えばパンケーキにブランデーを使う場合、全体的にまんべんなくかけることが多いのです。そうすることでケーキ全体がしっとりとして、粉っぽい食感が和らぎます。

そして忘れてはならないのが、保存性を高める効果です。アルコールには殺菌作用があるため、アルコールが強い蒸留酒を使うことで雑菌の繁殖を抑えることができるのですね。

料理に使われるブランデーとして有名なのは、フランベという調理法です。主に肉を焼いているときにブランデーを振りかけ、火をつけてアルコールを飛ばします。フランベをする目的は、ブランデーの香りをつけることと、臭みをとることです。ケーキに使う理由と同じですね。肉だけではなく、バナナなどのフルーツや、クレープシュゼットで行う場合もあります。

ちなみに中華料理で使われる調味料の「XO醤」は、XOがブランデーの等級を表す言葉なので、干しエビや貝柱などの高級乾物をブランデーで煮詰めて造られる醤という説があります。実際には風味づけに使われたものもあるのですが、基本的にブランデーは使われておらず、最高級を意味するXOの名前だけを借りたようです。等級については次の時間で詳しくお話しします。

いずれにせよ、ブランデーそのものを飲んだことがない人でも、いろいろなところで使われているため、風味を身近に感じることが多いお酒といえます。

料理に使う時は、料理用のブランデーを使った方がいいの？

例えば料理でレシピに「酒」を使うと書いてあった場合、日本酒のことを指します。ではどんなお酒を使えばいいのかとお店に行くと、そのものずばり「料理酒」が売られています。料理酒は日本酒に旨味成分や食塩を加えて調整したもので、飲まれている日本酒とは若干違うものになっています。これはその方が味わいがいいというわけではなく、主に税金の都合だったりします。調理用に何かを添加した料理酒はみりんなどに分類されるため、飲むための日本酒である清酒に比べて税金が安くなり、その分安く流通できるのです。

では、料理やお菓子作りに使うブランデーも、何かが加わっているのでしょうか。答えは加わっているものもある、です。例えば製菓用ブランデーには砂糖が加わっているものがあります。また、使いやすいように、少しアルコール度数を下げたものもあります。簡単に使い切れるよう、小さいサイズの瓶に入っているものもあります。

結論をいうと、ブランデーに関しては、飲んで楽しむ人は普段飲んでいるブランデーを料理に使ってもかまいません。それだとちょっともったいないかな、と思う人は、料理用だったり製菓用のブランデーを専用に買うといいでしょう。

かなりわかりにくいブランデーの名称

ブランデーでわかりにくいのは、会社の名前と地名とお酒の名前とが混在しているように思えるからではないでしょうか。コニャックとカミュとヘネシーとナポレオンは果たしてブランデーと同じお酒なのか、違うお酒なのか、普段ブランデーを飲んでいない人には全くわからないでしょう。

地名で分けられるブランデー

コニャックは、フランスの地方の名前です。ブランデーの名産地として名高いコニャック地方で造られたブランデーで、条件を満たしたものをコニャックと呼ぶのです。ちょうど、ウイスキーに対してスコッチというようなものですね。ただ、ウイスキーの場合はスコッチ・ウイスキーのような呼び名があるのに対して、コニャック・ブランデーという呼び名はないため、知らない人が多いようです。同じように地名で分けたものとして、フランスのアルマニャック地方で造られたブランデーで条件を満たすと、アルマニャックと呼ばれます。

地方の名前ではないけれども、特定の地域で造られた、条件を満たしたものにつけられる名前はあります。カルヴァドスはリンゴのブランデーですが、フランスのノルマンディー地方のカルバドス県、オルヌ県、マンシュ県、ウール県で造られたものだけがカルヴァドスと呼ばれ、それ以外はアップルブランデーと呼ばれます。

会社名や銘柄名で呼ばれるブランデー

カミュは会社の名前であり、ブランデーの銘柄の名前でもあります。コニャック地方の会社なので、カミュはコニャックでもあります。ヘネシーも同様に、会社名であり、ブランデーの銘柄です。こちらもコニャック地方の会社なので、コニャックでもあります。

これらの高級ブランデーは、それが高級だということがわかるようにするためか、カミュやヘネシーとだけ呼ばれることも多かったりします。他のお酒にもこのような呼ばれ方をするものはあるのですが、少し混乱を招くのも確かです。

余談ですが、ヘネシー社は高級シャンパンのドン・ペリニヨンのモエ・エ・シャンドン社と合併してモエ・ヘネシー社となり、さらにルイ・ヴィトンと合併してLVMHモエ・ヘネシー・ルイ・ヴィトン社となっています。高級ブランドの大集合といった感じですね。

製法で分けられるブランデー

ブランデーはブドウの醸造酒から造られる、つまりはワインから造られるお酒といいましたが、中にはワインの搾りかすから造られたものもあります。ワインのために搾った後のブドウにも糖分が含まれているので、そこから醸造酒を造ることができ、さらに蒸留してブランデーにすることができるのです。

フランスのマールや、イタリアのグラッパ、スペインのオルホがこのタイプのブランデーになります。

以上のものは全て「ブランデー」です。コニャックもカミュもヘネシーも全てブランデーの一種なのです。ここでちょっと表にしてみましょう。（表2）

確かにこう並べてみると、コニャックというフランス語とブランデーという英語が並ぶなど、慣れていない人にはウイスキー以上に難しいかもしれませんね。

あれ、ナポレオンはどこにいったのか、と思った方。ナポレオンは特定のブランドの名前ではなく、等級を表す言葉なのです。でもこれもブランデーの代名詞として広まっている言葉です。詳しくは次の時間でお話しします。

ブランデー名称一覧

地域による分類	会社名	製法による分類
コニャック、 アルマニャック、 グレープブランデー	ヘネシー、 カミュ、 レミーマルタン、 マーテル （全てコニャック）	マール（フランス）、 グラッパ（イタリア）、 オルホ（スペイン）

表2

十五時間目

Lesson15

まとめ

ブランデーの味わいは
身近にある

製菓に使われたり、
料理に使われたりもする

地域によって
「コニャック」
「アルマニャック」
などがある

地名、銘柄名、
製法で呼ばれるものも多いため、
混乱を招きやすい

十六時間目

Lesson16

ブランデーはどう選べばいいの？

十五時間目で学んだように、ブランデーは分類が少しややこしくなっています。フランスで造られているものが多いのに、用語は英語が多いからかもしれません。

ではいったいブランデーをどう選べばいいのでしょうか。最初に結論を言ってしまうと、コニャックやアルマニャックなど各ブランデーのVSOPを飲む、です。経験が少ない時には、「基準」となる味が必要になります。各タイプのVSOPはまさにそのタイプの味の基準となりうる等級なのです。最終的に好きな味わいを見つけるためにも、味わいの違うブランデーを飲んでみる、そしてそれは各タイプの標準的な味わいの方がいい、ということですね。

とはいっても、何のことだかわからない人も多いでしょう。順番に解説していきます。

地域によるブランデーの違い

ブランデーの味わいで、一番大きく変わるのが地域による違いです。端的にいって、コニャック、アルマニャック、それ以外の（グレープ）ブランデーで味の方向性が異なるのです。まずはここから整理していきます。

クリアで飲みやすい女性的なコニャック

コニャックはCognacと書きます。フランスのコニャック地方で造られたブランデーで、国立コニャック委員会（BNIC）という団体によって品質の管理をされています。コニャックは正確には街の名前で、この街と周りの地域全体を指してコニャック地方といっているのですね。高級なブランデーの代名詞のようにもなっています。

コニャックには「悪魔のお告げに従い、僧侶が2度の蒸留を試みた」という言い伝えがあるとか。その通り単式蒸留器で2回蒸留し、70度ぐらいのアルコール度数の原酒をオーク樽に入れて最低でも2年半熟成させます。できあがったブランデーは加水をして40度ぐらいに調整され、出荷されるのです。この製法を守ったものだけが、原産地統制呼称（AOC）によってコニャックと名乗れるのです。

コニャックは蒸留回数が少ないため、ぶどうの香りが芳醇です。クリアな味わいで、女性的なブランデーといわれています。

ヘビーで癖が強くて男性的なアルマニャック

アルマニャックはArmagnacと書き、フランスはアルマニャック地方で造られたブランデーです。国立アルマニャック委員会（BNIA）という団体が管理をしています。アルマニャックは土の質によって、さらに3つのエリアに分けられています。

［バ・アルマニャック］（Bas-Armagnac）

粘土砂質の土を持っていて、ここのブドウで造られたブランデーは深い味わいと香りを持ち、アルマニャックの中では最も高級とされています。

［アルマニャック・テナレーズ］（Armagnac-Tenareze）

粘土石灰質の土を持ったエリアです。

［オー・アルマニャック］（Hault-Armagnac）

石灰質の土を持ったエリアです。

アルマニャックは白ブドウを使い、独特の形状の半連続式蒸留機を使ってゆっくりと蒸留をします。できあがったばかりの原酒アルコール度数は50から70度ぐらいです。これをオーク樽に入れて熟成させます。できあがったブランデーは加水をして40度ぐらいに調整され、出荷されます。この製法を守ったものだけがＡＯＣによってアルマニャックを名乗れることを許可されるのです。

アルマニャックは野性的でフレッシュな味わいが特徴です。ともすれば、癖が強いと表現されるほど。力強い、男性的なブランデーなのです。

少し雑味があるけれどもお手軽なグレーププランデー

コニャックとアルマニャック以外のブドウで造られたブランデーは、正式な呼び方ではありませんが、グレーププランデーと呼ばれます。単に「ブランデー」といった場合にはグレーププランデーのことを指します。たくさんの国で造られていますし、製法もさまざまなので「これがグレーププランデー」という決まった味わいがあるわけではありません。全体的には価格が安く、コニャックとアルマニャックの中間の味わいで、ややアルマニャック寄りのものが多い印象です。

雑味が少なく香り豊かな味わいのブランデーを飲みたかったらコニャック。野性的な力強さを持ったブランデーを飲みたかったらアルマニャック。その間ぐらいが飲みたい、もしくはお手軽に安価で楽しみたいときにはグレープブランデーと覚えておくといいでしょう。これが、ブランデーのだいたいの味の方向性です。

等級は意外といい加減？

コニャックやアルマニャックの中でも、そのブランデーがどれだけ熟成をしているかを示す「等級」があります。等級が上のものほど樽で熟成した期間が長く、味わいが強くなる傾向があります。

この等級を示す言葉は、フランスで造られたブランデーであっても英語がベースになっています。イギリスでブランデーが大流行したときに、フランス側がもっと売れるようにとつけたから、英語になっているのですね。基本的には5つのアルファベットの組み合わせで等級は表現されます。

V＝VERY（非常に）
S＝SUPERIOR（優れた）
O＝OLD（古い）
P＝PALE（澄きとおった）
X＝EXTRA（格別）

「VO」だったらVERY OLDで非常に古いブランデー、つまり熟成期間の長いブランデーという意味になります。「VSOP」だと非常に優れた古い澄きとおったブランデー、これは熟成期間の長く透明感のあるブランデーということですね。「P」が少しわかりにくいかもしれませんが、これは透明感のある琥珀色のことで、熟成感の高さを表すと思うといいでしょう。

現在では、これ以外の等級もあります。

ブランデーの中で、コニャックの熟成期間はコント（Compte）という数値で表されます。

ブランデーを造る際には、ブドウの収穫の翌年3月末までに蒸留を終えなければなりません。そうしてできあがった原酒は、翌日の4月1日からコント0と数えられ、以降1年ごとに数値が増えていきます。コント0で1年間、コント1で2年間、コント2では3年間熟成をさせているという意味ですね。

等級の、特に「O」を名乗るには、長い熟成期間が必要です。ブランデーが製品になる時には古い原酒と若い原酒をブレンドするのですが、コントは一番若い原酒のもので計算をします。コント20の原酒とコント5の原酒をブレンドしたものは、コント5のブランデーになるというわけです。

コニャックの等級

コント2（**熟成年数3年**）：★★★またはVS
コント4（**熟成年数5年**）：VSOP
コント6（**熟成年数7年**）：ナポレオンまたはXOまたはエクストラまたはオル・ダージュ

※ただし、2018年にXOやエクストラやオル・ダージュはコント10になります。

アルマニャックは、2010年より表示の簡素化を目指し、以下のようになっています。

アルマニャックの等級

熟成年数1年：★★★またはVS
熟成年数4年：VSOP
熟成年数6年：XOまたはナポレオン
熟成年数10年：オル・ダージュ

オル・ダージュはフランス語で Hors d'Age と書き、年齢がわからないほど古い、という意味です。

これらの等級はコニャックとアルマニャックに関しては厳密に管理されますが、それ以外のブランデーでは管理されていません。各社で自由に等級がつけられるため、混乱しがちです。例えば同じ最高級の等級であるXOとナポレオンでも、こっちの会社ではナポレオンの方が上で、あっちの会社ではXOの方が上、という事態が起こったりします。

ちなみに何故ナポレオンの名がついたのかというと、「クルボアジェ」というコニャックを造っているクルボアジェ社の創業者がナポレオンと面識があったので献上したところから始まったといわれています。それ以来、ラベルにナポレオンの肖像を描くようにしたら、他社もそれを真似てナポレオンの名をつけるようになったのです。

各ブランデーのVSOPが狙い目

長々と説明してきましたが、国際的な統一基準がないため、やや曖昧な部分が多いということがわかっていただけましたでしょうか。これを全部覚えるのはかなり大変です。

その中で味の「基準」とするには、各ブランデーの同じ等級が必要です。例えばコニャックの最高級であるXOと、アルマニャックの等級的には下の★★★を飲み比べして「コニャックのXOの方がおいしかった」と言われたら、アルマニャックファンは「アルマニャックもXOで飲み比べてくれ」と思うでしょう。そこで選びたいのがVSOPなのです。

前述の等級表を見てもらうとわかるように、VSOPは4年以上熟成されています。これが長いか短いかの判断は難しいと思いますが、十分にブランデーらしさを味わえる熟成をしていると思ってください。VSOPはそのメーカーが自信をもってお勧めできるスタンダードな味わいを持つ等級なのです。それでいて、XOやオル・ダージュなどの最上級品に比べるとそこまで高価でもありません。また、比較的手に入れやすいのも大きなポイントですね。

VSOPを飲み比べてみることで、自分はコニャックのようなクリアな味わいが好きだとか、アルマニャックの方が癖が強くていいとか、好みの方向性がわかってきます。そこから、熟成が深く進んだ方を試したりするといいでしょう。


というわけで、ブランデーの選び方をずばり断言します。

「コニャック、アルマニャック、グレープブランデーのVSOPを飲んでみる」です。そうして自分がどのタイプが好きなのかを判断しましょう。


ちなみに、他のお酒と同様に、日本製のブランデーを入門として飲むのも悪くはありません。日本の食事に合うよう、各メーカーが造っているからです。そして何より、日本製のブランデーは、今後ますますおいしくなっていくだろうという予想があります。今のうちから飲んでおくと、年々レベルアップしていくのを楽しむことができるのですね。

何故レベルアップすると思うのか。それは、国産ワインが国際的にも日本のワインファンにも最近高く評価されるようになってきたからです。いいワインを造る技術がないと、それを蒸留するいいブランデーは造れません。国産ワインの評価が高まってきたからこそ、これからの国産ブランデーに期待ができるというわけなのです。

十六時間目

Lesson16

まとめ

クリアで女性的な
コニャック

癖が強く男性的な
アルマニャック

少し雑味がある
グレープブランデー

熟成年数によって
等級も決められている

最初はＶＳＯＰを飲んで、
自分の中の基準にしよう

十七時間目

Lesson17

ブランデーはどう飲めばいいの?

ブランデーを選び終えたら、いよいよ実際に飲んでみましょう。ブランデーの飲み方には、誤解も多かったりします。というのも、日本で一番ブランデーが流行したのが1980年代後半から1990年代前半で、そこで「ブランデーとはこうあるべき」みたいな印象が強くなってしまったのです。

ブランデーはもっと自由に、柔軟に楽しめるお酒です。とはいっても、今まで紹介してきた他の蒸留酒と同じくアルコール度数が高いので、ある程度はこう飲んだ方がいいという指針があります。自由に飲むのは、基本の飲み方で味わってからでも遅くはありません。いろいろ試して自分に合った飲み方を探していきましょう。

ブランデーは温めるべき?

悪役が豪華な椅子に座り、膝の上に乗せたシャム猫をなでながら右手に大きなブランデーグラスを持ち、ゆっくりと回している。いわゆるステレオタイプなイメージですが、ブランデーと聞いて思い浮かべる人も多いのではないでしょうか。

これは単に格好をつけているだけではなく、手のひらの熱で温めるために行っています。香りは液体の温度が低ければ低いほど溶け込んでいるので、温度を上げることで香りを引き出すのです。ブランデーの香りを十分に楽しむために、温めているのです。あの仕草にもきちんとした理由があったのですね。ブドウを使ったブランデーだけでなく、カルヴァドスのような他のフルーツを使ったブランデーでも、少し温めた方が香りが立ちます。

ただしこれは、昔の飲み方でもあります。イギリスではだいたい1920年代に流行した飲み方だとか。糖蜜のようにゴテッと重いブランデーに人気があったこともその要因のようです。今のブランデーは醸造技術や蒸留技術の発達により、当時よりも格段に優れていて、香りの量もかなり多くなっています。そのため、無理に手のひらで温め、グラスの肌にそわして香りを立てなくても大丈夫です。注いだまま、自然に楽しみましょう。もう少し香りが立った方がいいかな、と思ったときに手のひらで温めればいいのです。

ブランデーでも理想はストレート

造り手が意図したお酒をあますところなく飲むのには、ストレートが一番です。ウイスキー同様、ブランデーは製品になるときにかなり手が加わっているお酒です。出荷されたままの状態が、こう味わうと一番おいしいですよ、というメッセージが詰まっているのです。従って、最終的にはストレートを楽しめるようになりましょう。飲み方は、ウイスキーと同じです。時間をつくり、環境を整え、水をたっぷり用意して「ゆっくりと」「少しずつ」飲んでいくのです。五時間目を参考にしてください。

ブランデーのストレートには、ちょっと変わった飲み方もあります。それが「ニコラシカ」です。細長いリキュールグラスにブランデーを入れ、その上に砂糖を盛ったレモンの輪切りを載せます。飲むときには、レモンの輪切りを二つ折りにしてかみしめたら、ブランデーを一口飲むのです。甘酸っぱさが、口の中をリフレッシュさせてくれるので、口直しの一杯におすすめの飲み方です。

水割りにしてもいいし、ロックでもいい

ブランデーを水割りにしても、もちろんかまいません。でも、「ブランデーを水割りにするのは日本ぐらいだ。ヨーロッパではそんなことをしない」という説もあります。ブランデーグラスにストレートで入れて、手のひらで温めながら飲む以外の飲み方を認めないという人の話ですね。果たしてこれは本当なのでしょうか。

答えは、間違いです。もちろんブランデーを水割りにしてもいいのです。フランスでもイギリスでも、大昔からブランデーの水割りを飲んでいた記録が残っています。温めて飲んだ方が香りが立つとはいえ、水を加えてはいけないという理由にはならないのです。人の好みは千差万別なので、どう楽しもうが自由というわけですね。

氷をたっぷり入れてグラスを冷やし、水割りにしてもいいですし、氷を入れない水割りでもかまいません。基本はブランデーと水を1：2ぐらいで割るのですが、好みで水の量は変えていきましょう。ウイスキーのトワイスアップのように、1：1で飲むのもいいですよ。

もちろんオン・ザ・ロックスでもかまいません。温めるイメージがついていると、氷で冷やすのはなかなか思い浮かばないかもしれませんが、昔からある飲み方です。ウイスキ

ーのときと同じように、溶けにくい氷で飲みましょう。香りが抑えられて、優しい味を楽しめます。だんだん氷が溶けていくと共に変化していく味を、ゆっくりと味わいましょう。

ブランデー&ソーダ

炭酸水で割る、いわゆるソーダ割りもブランデーの楽しみのひとつです。フランスでは食前酒として定番になっています。水割りよりも少し炭酸水を多めに入れて、爽快感を味わいましょう。

炭酸水ではなく、他のさまざまな炭酸飲料を使うのもおいしいです。特に、炭酸水にハーブや柑橘が加えられたトニックウォーターとの相性が抜群です。トニックウォーター割りは人気のある飲み方です。また、ソーダとトニックウォーターの両方で割った、通称「ソニック割り」もおすすめです。他にはジンジャーエールもいいでしょう。

ブランデー&ソーダに一手間加えるとしたら、オレンジなどのフルーツを入れましょう。ブランデースプリッツァーというお酒です。もともとが果実のお酒であるブランデーは、フルーツとの相性がいいのですね。トニックウォーター割りで作るのもおいしいです。

ホットブランデー

温める飲み方もあります。直接温めるのではなく、ブランデーを満たしたグラスにお湯を注ぐ、いわばお湯割りがホットブランデーです。温められるので香りが強くなるのも特徴です。ただし、どうしてもアルコールの刺激的な香りも強くなるため、人によっては苦手と思うかもしれません。その場合には、ナツメグやコリアンダーなどのスパイスを加えるといいでしょう。

その他の飲み方

ブランデーで有名なのは、珈琲や紅茶に入れる飲み方ではないでしょうか。香り高い飲み物にブランデーはよく合います。ただそのまま加えてもいいのですが、カフェ・ロワイヤルを試してみるのもいいでしょう。珈琲に入れる角砂糖にたっぷりとブランデーをしみこませ、火をつけます。立ち上がるブランデーの香りを楽しみながら、珈琲に加えます。青い炎が綺麗に見えるように、部屋は暗めにしたいですね。

ブランデーを使ったカクテルもたくさん種類があります。どうしてもストレートが苦手だという人は、カクテルから入るのもいいでしょう。

カルヴァドスからブランデーにはまる人は多い

ブドウを使ったブランデーを苦手に感じる人は、リンゴを使ったブランデー「カルヴァドス」を試してみてはどうでしょうか。ブランデーが飲めなかったけれども、カルヴァドスに出会ってブランデーのおいしさがわかり、飲めるようになった。という「人生を変える一杯」がカルヴァドスの人は意外と多いのです。日本ではブドウよりもリンゴの方が身近な存在だからかもしれません。リンゴの爽やかな香りと甘みが飲みやすさのポイントです。飲み方はストレートでも、上記のような飲み方でもかまいません。珈琲にカルヴァドスを加える「カフェ・カルヴァ」は機会があれば一度飲んでみるといいでしょう。

カルヴァドスにはリンゴのみで造られたものと、洋なしを少し加えたものがあります。リンゴのみに比べて洋なしが加わると、甘みが抑えられて酸味とのバランスがとれた味わいになります。これらの飲み比べも楽しいものです。

料理とブランデーはどう合わせたらいいの?

ブランデーは基本的には食後にゆっくり飲むお酒です。だからといって、他の飲み方ができないというわけではありません。例えば食前酒にはソーダ割りが合います。

食中酒として考えた場合、フランベでブランデーを使っている料理には、同じ風味のお酒が合わないわけがありません。お酒の強い人だとストレートでもいけるかもしれませんが、食中に楽しむのだったら水割りかソーダ割りの方がいいでしょう。味の濃い料理だと、ブランデースプリッツァーがよく合います。特に、脂ののった料理や、塩味がきいている料理などには相性抜群です。

ストレートで飲んだり、ゆっくりとブランデーを楽しんだりするときに軽くつまむのなら、チーズやレーズン、チョコレートあたりがいいでしょう。

十七時間目

Lesson 17

まとめ

ブランデーは
温めると香りが立つ

手のひらでブランデーを
温めるのは、
今はそこまでやらなくてもいい

ストレートだけでなく、
ロックや水割りなど自由に飲める

さまざまな
カクテルも楽しもう

ブランデーは食中酒としても
かなり幅広く楽しめる

Lesson18

ブランデーはお高いの?

ここまででブランデーに関する基礎知識を一通りお話ししてきました。ブランデー編の最後にお話しするのは「ブランデーって高いの?」ということです。

ブランデーは高級酒の代名詞として扱われています。瓶も何か高そうだし、お店で飲むと高いし、贈答用にも使われているし、高いブランデーを見たことがあるという人もいるのではないでしょうか。

では実際にブランデーは高いのか、それとも安いのか。周辺事情を含めて見ていくことにしましょう。

そもそも高級路線で売り出していたブランデー

ブランデーは最初から高級なお酒であるというブランディングをしていました。それが一番よく表れているのは、瓶でしょう。ブランデーの瓶はその他のお酒の瓶に比べると、さまざまな形状のものがあり、おしゃれなイメージがあると思います。それこそ本棚にそのまま置いてあっても絵になるボトルでランキングをつけると、ブランデーがかなり上位に入るのではないでしょうか。もちろん中身にも手を抜いているわけではなく、原産地統制呼称でコニャックやアルマニャックという名称を管理し、品質を保っています。

日本ではバブル期に流行したブランデー

日本で一番ブランデーが流行した時代。それが1980年代後半から1990年代初めのバブル期です。例えばアルマニャックの、しかも高級なものの輸出先は、日本が常に1位を争うぐらいでした。現在は15位以下となっています。

当時は残念ながら、味わって飲むというよりも富の象徴として扱われることが多かったそうです。いわゆる「おねーちゃんのいる店でヘネシー」という時代ですね。この頃は「ウイスキーはお酒の通が飲むお酒」「ブランデーは成金が飲むお酒」というイメージがあったようです。

そういう扱いだったので、高ければ高いほどいいとされていました。その頃に、少し古い資料などを参考にした人が「ブランデーはこう飲むべき」と言ったり、「水割りにして飲むのはヨーロッパでは見られない」と言っていたりしたのです。

10年で値上がりを続けているブランデー

世界中で愛されているブランデーのような高級嗜好品は、経済の動きと連動しています。バブル期は日本がたくさん買っていましたが、今どんどん買い進めているのは中国なのです。フランス産ブランデーの最大の輸入国はイギリスやロシアなのですが、中国はどんどん輸入量を増やしています。中国ではバブル期の日本と同じように富の象徴として扱われる他に、一般的に飲まれている蒸留酒（実は紹興酒《しょうこうしゅ》より消費量が多い）白酒《バイジュウ》の代わりとしてがんがん飲んでもいるようです。

その結果何が起きたかというと、需要が多すぎてブランデーが手に入りにくくなりました。そもそも品がなくなって、日本に入らなくなってしまったのです。また、価格も上昇を続け10年間でだいたい1・5倍から2倍になりました。

そういう事情があるので、今はたくさんの種類を飲ませてくれるようなお店が減っていっているのです。

一番高いブランデーは200万ドル？

こうなってくると、世界で一番高いブランデーはどのぐらいなのか気になりますよね。「ヘンリー四世、コニャック・グランデ・シャンパーニュ」というコニャックは、なんと200万ドルもします。だいたい2億円ですね。なぜこんなにも高いかというと、まずボトルがすごいのです。純金と6500個のダイアモンドがちりばめられています。中身ももちろんすごくて、イギリスのヘンリー四世の子孫が100年以上に渡って樽で熟成させ、中身にはさまざまな万能薬が加えられているとのことです。

近年売り出されたもので高価なものでは、ヘネシーの「ボテ・ド・シエクル」があります。こちらの値段は15万ユーロ。だいたい2500万円ぐらいでしょうか。ヘネシー家の6代目当主、キリアン・ヘネシーの生誕100周年を記念して造られ、専用の箱、鍵、グラスなどと合わせて100セット限定で発売されました。

そこまでいかなくても、日本円にして数百万円以上のコニャックはたくさんあります。他のお酒に比べても、高いものが多いといえるでしょう。

こうしてみると、やはりブランデーは高く、さらにそれが世界的な品薄により値上がりしているといえます。ただ、上を見ればキリがないだけで、ブランデーにもお手頃な価格でおいしいものはたくさんあります。

大事なことは、人がどう思うかではなくて、自分がおいしいと思うかどうかです。いろいろと飲んで、自分が好きだと思うブランデーを探しましょう。

十八時間目

Lesson18

まとめ

もともとブランデーは
高級路線で売られていた

瓶にもそれが表れている

世界中で需要が
高まっているため、
品薄＆値上がり傾向にある

最高級のブランデーは
他のお酒に比べても高い

値段にまどわされず、
自分の好きなタイプを探そう

コラム④

年数表示がないウイスキー？

２０１５年に、ジャパニーズウイスキーファンにとって衝撃的なニュースが流れました。「ニッカウヰスキーの『余市』と『宮城峡』について、『10年』や『12年』などの熟成年数を表す商品の販売を終了する。今後は若い原酒などを使い年数を示さない『ノンエイジ商品』として売り出す」というものです。それぞれ同年9月から「シングルモルト余市」および「シングルモルト宮城峡」として発売されることになりました。また、サントリーもブレンデッドウイスキーの最高峰「響」において、２０１５年3月から「響 Japanese Harmony」という年数表示がない商品の販売を始めています。

四時間目でも学んだように、熟成年数はそのお酒の中で最も若いものに合わせて表示されます。12年だったら最低でも12年間熟成させたもの以上の原酒をブレンドしているのです。年数表示がないもの、つまりノンエイジ（ＮＡと略して表記されることもある）は、このような縛りがないため、数年しか熟成していない若いお酒をブレンドしている可能性があるのです。

何故このようなことになったのかというと、そもそも原酒が足りないということが挙げられます。12年物を造るには最低でも12年前にはウイスキーの原酒を仕込んでおかなければなりません。ところが、２０１５年から10年以上前、つまり２０００年前後はウイスキーがあまり売れない時代でした。焼酎ブームに押されてか、年々出荷量が下がっていったのです。売り上げがどん底のときに、10年以上後にくるブームを予見して大増産に踏み切るというのは非常に難しいでしょう。

このような状態のときにハイボールブームが起き、ＮＨＫテレビドラマ『マッサン』効果や、ジャパニーズウイスキーが世界的な賞を受賞したことにより、日本のみならず世界各国からの注文がひっきりなしにくるという事態になりました。おかげで完全に供給を需要が上回ってしまったのです。そのため、いったんは熟成年数表示のものを終売したりして、ノンエイジのものを販売することで、需要に応えようとしているのでしょう。

ただし、これが１００％全て悪いことではないかもしれません。熟成年数表示がある間は、若くても特徴のある原酒を使えなかったからです。それを少しだけ使うことで、新しい風味が生まれるかもしれません。この辺りは今後も注目していきたいところですね。

まだ飲んだことのない洋酒に出会ってみたいなー
洋酒とのすてきな出会いを求めるなら
BARに行きましょう
えっBARですか
大丈夫かな…
心配ないですよ
BARは蒸留酒が多くそろい静かな「お酒を楽しむ空間」
「ゆっくり」「少しずつ」お酒を飲むのに最適です
わからないことはどんどんバーテンダーさんに聞きましょう
お酒のことや作法などBARのことならなんでも教えてくれますよ

さらにお酒を深く知りたいなら工場見学に行ってみましょう
WHISKY
お酒ができるまでを生で見られるほか
試飲も充実しています
やっと欲しい一本が見つかりました!
家でじっくりと飲みたくなったら購入してみましょう
インターネットで購入するのが手軽ですが
あれ?
値段がバラバラだ
¥8000
¥6000
プレミア価格になっていることも
納得できる価格で買いましょう
複数のお店を見たり定価を調べてから購入しましょう

Lesson19

洋酒を楽しむならBARへ行こう

ここまで3種の蒸留酒を例に、洋酒の飲み方や楽しみ方のお話をしてきました。どのお酒でも大事なことは、経験を積むことです。ウイスキーならウイスキーの中で、タイプの違うものがたくさんあります。自分が好きなのはどういうお酒なのかを知るためには、少しずつでいいのでそれぞれを飲む必要があるのです。

とはいっても、一番難しいのがたくさんの種類を飲むことです。ひとつひとつ買っていくと、もし好みに合わないタイプだった場合に、消費するのに時間がかかってしまいます。瓶をたくさん保管するのも難しいですよね。

そこでおすすめなのが、BARへ行くこと。お酒を飲めるお店はいろいろありますが、少量をゆっくりと楽しむのにはBARが最適です。今回はBARの話をしていきます。

BARとPUBと居酒屋はどう違うの？

お酒を飲める飲食店で代表的なものは、居酒屋とPUBとBARでしょう。これらは年々境界が曖昧になっていく傾向がありますが、別物です。では、どこが違うのでしょうか。

居酒屋はお酒を飲めるところですが、同時にお酒と合う料理を楽しむお店でもあります。最近は○○のお酒専門店という形態の居酒屋も増えてきましたが、洋酒の蒸留酒をたくさん置いてあるお店はそれほど多くありません。

PUBは日本だと洋風居酒屋と訳されたりもします。こちらもお酒と同時に料理を楽しむお店でもあります。もともとは「a PUBlic house」の略なので、社交場という面も強いようです。

BARはアルコールを、特にカクテルを中心に提供するお店です。料理はそれほど用意されていないことが多く、お酒を飲む専門の店と考えるといいでしょう。

カクテルが中心なら、洋酒の蒸留酒はそれほど無いんじゃないかと思う人もいるかもしれません。ですが、カクテルの原材料となるのは蒸留酒が多いため、品揃えは充実していることがほとんどです。カクテルにしないでそのまま注文してしまえばいいのですね。もちろんそのまま飲むのとカクテルにして飲むのと、味比べをすることもできます。

また、普段なら日本に入ってこない、輸入業者が取り扱いをしていないお酒を飲めることもあります。海外のお酒はどうしても輸入をしなければならないのですが、生産数が少なかったり、そもそもあまり自国以外に出荷していないものもあります。これはお店によるのですが、BARの中には直接現地へ行って買ってくるところもあるのです。買い付けといっても、大量に買ってくるわけではありません。空港で怒られない程度に何本か買って、直接持って帰ってくるのです。蒸留酒は一度に使う量がそれほど多くないので、そうやって買ってきたお酒でも一年分をまかなえたりするのです。普段はなかなか飲めないお酒と出会えるのは、BARならではといえるでしょう。

BARのメリットはお酒が多いことの他に、ゆっくり静かに飲めるという点が挙げられます。バーカウンターでバーテンダーと向き合って飲む形になるBARは、騒がしくなりにくく、他のお店よりも「非日常」の空間として切り離されているからです。これが「ゆっくり」「少しずつ」お酒を楽しむのにいい環境なのですね。

注意しなければならないのは3点。がっつり食べるメニューがあるわけではないということと、大勢で行くものではないということ、ムーディーな雰囲気の異性を口説くための

BARもあるということです。料理よりもお酒がメインなので、事前に軽く食べてから行くといいでしょう。そして、少人数で静かにお酒を楽しむためのお店なのですから、あまり大勢で行かない方がいいのです。また、ムーディーなお店では、異性と一緒に行こうが行くまいが、落ち着いてお酒を楽しむという雰囲気ではなくなってしまいますよね。

初めて行くならホテルのBARにしよう

そうはいっても、BARへ行くのは敷居が高いと感じている人もいると思います。どうやって注文したらいいのかわからない、いくらかかるのかわからない、いきなり怒られやしないか。不安な点はいろいろあると思います。

初めて行くのなら、ホテルのBARへ行くのがおすすめです。それも、ヒルトンやシェラトン、帝国ホテルのような国際的なホテルがいいでしょう。世界的なホテルのBARだと高いのではと心配になるかもしれません。ですが、金額的には街のBARとそれほど変わりません。それどころか、ホテルのBARには必ずプライスリスト（料金表）があるので、いくらかかるのかを確認しながら飲むことができます。もちろん、一流のホテルならBARのサービスも一流です。女性でも安心して一人で入れるのもポイントですね。

わからないことがあったら何でもバーテンダーさんに聞けばいいのです。最初に勝手に席に座ってもいいものなのかという振る舞いの話や、お酒の話でもかまいません。どんどん聞いてしまいましょう。そうやって経験を積めば、どこのＢＡＲへ行っても大丈夫になります。

経験を積んだら街のＢＡＲへ行ってみよう

ホテルのＢＡＲで何となくＢＡＲというものがわかった人は、街のＢＡＲへも行ってみましょう。街のＢＡＲは個性的なお店が多いのです。個性というよりは、そこのバーテンダーさんのセンスが強く表れると言った方がいいでしょうか。その個性が自分にぴったり合えば、これほど心地よいところはありません。

また、ホテルのＢＡＲは宿泊のお客さんが多く、常連さんがあまりいません。一方の街のＢＡＲは、場所によっては常連さんがとても多いので交流が生まれたり、何度か通うことでバーテンダーさんが親身になってお酒について教えてくれたり、お酒の好みを探してくれたりもします。これらも自分に合えば居心地の良さにつながることでしょう。自分に合ったお店を探すのもまた、楽しいものです。

街のBARを選ぶときのポイントは2つあります。きちんと店頭が掃除されているかと、気軽に行ける距離のお店から探していくということです。落ち着いてお酒の味に集中したくてBARに行くのですから、清潔で快適な環境で飲みたいですよね。店頭やトイレがきちんと掃除されているところは、たいてい心地よく過ごすことができます。

後者は、現在住んでいるところによっては難しいと感じる人もいるかもしれません。ですが、ちょっと離れたところだと、行く時に気合いが必要になったりと、なかなか行きにくくなってしまうのです。また、家からだいぶ離れていると、終電を気にしなければならないということもあるでしょう。気楽に行ける距離（タクシーで1メーターとか2メーターぐらい）で、気に入ったお店があるのなら、ふらっと寄ろうという気にもなります。

こうやって出会えたBARでお酒を飲んでいる方が「人生を変える一杯」に出会いやすいものです。なじみになり、好みのお酒を一緒に探してくれるのだから、当たり前ですね。いわば「人生を変えるBAR」になるのです。

BARへ行く前に情報は集めた方がいいの？

ホテルのBARではなく、街のBARへ行くときには、全く知らないよりは少しは情報を集めた方がいいです。今日はこの辺りで飲みたいので、近くにBARはないかなとインターネットで検索をしてしまえばいいでしょう。どんな品揃えなのか、どういうお酒に強いのか、どのぐらいの予算がかかるのかを簡単に調べることができます。

調べていくと、ときどき「オーセンティック」なBARという表現を目にすることがあると思います。ちょっとわかりにくいですよね。オーセンティック（authentic）は「本物」や「確実な」という意味です。確実なBARというとイメージしにくいかもしれませんが、正統派なもしくは伝統的なBARと読むと何となくわかるのではないでしょうか。重厚なカウンターがメインのBARで、フードはほとんどなく、落ち着いた雰囲気でお酒を楽しむ。そんな、大人のためのBARです。老舗のオーセンティックBARはちょっと緊張しちゃうかもしれませんので、場数を踏んでから行きたいところですね。

もちろん情報が少ないお店もあります。慣れてくるとそういうところに行くのも楽しいのですが、最初のうちはそういうお店は上級者用と思って、避けた方がいいと思います。

行くお店を決めたら、予約をした方がいいでしょうか。これは難しいところです。基本的には予約は不要で、満席だったらさっと帰るのが粋とされています。でも、せっかく行ったのにそのまま帰るのもちょっと寂しいですよね。なので、初めて行くお店が人気店だったり、混雑しそうな時間帯に行ったりするのであれば、予約の電話を入れるのもいいでしょう。そしてお店で飲んでいるときに「ここは予約を入れた方がいいですか?」と聞いて、次からはその通りにすればいいのです。

BARで注文はどうしたらいいの?

お酒を注文するときに、難しいことは何もありません。一杯だけ飲んで帰っても大丈夫ですし、このお酒から始めなければならない、というような順番もありません。飲み方や飲む量は人によって違うというのをバーテンダーは熟知していますから、好きなように注文すればいいのです。

注文の仕方は、メニューがあればそこから選んでもかまいません。メニューを読んでもよくわからなかった場合には「ウイスキーを飲み比べてみたいのですが、スコッチでタイプが違うものを2ついただけますか」のような注文の仕方でも大丈夫です。カクテルでも、こういう味わいが欲しいといえば、その通りのお酒を出してくれるでしょう。

ただ、ちょっとだけ難しいのは「今日のおすすめをください」のような注文でしょうか。

蒸留酒は特に、旬のようなものはありません。BARに置いてあるお酒はどれもおすすめということもあるのです。強いていえば、今はこのフルーツが旬ですからこれを使ったカクテルを……ということはあるかもしれません。このように、バーテンダーさんにおまかせのような注文は意外とバーテンダー泣かせでもあったりします。カクテル名がいえなくても、「甘いけれども後味がさっぱりしたものがいい」とか、「色が綺麗であまり甘くないものが欲しい」のように具体的に注文する方がいいでしょう。

もちろん、値段がわからなければ直接バーテンダーさんに聞いてしまいましょう。プライスリストがないところでは、最初にだいたいこのぐらいの予算で飲みたいですと伝えるのも手です。

一人で行ったとき、BARではどう振る舞ったらいいの？

二人で行けば、お互いに話すことができますからそれほど困ることはありません。では、一人で行ったときにはどうしたらいいのでしょうか。

基本的には、黙ってお酒をじっくりと味わいましょう。もしカウンターに座っていたらバーテンダーさんと話をしてもかまいません。いっぱい並んでいるお酒を見ながら「あれはどういうお酒なんだろう」と思いを馳せながら飲むのも案外面白いものです。

ゆっくりと読書をしてもかまいませんが、少しだけ注意点があります。ひとつは、あくまでBARはお酒を飲むところなので、本に夢中になるあまりカクテルがぬるくなるまで放置するようなことはしない方がいい、です。多くのカクテルは、出された瞬間が一番おいしくなるように造られています。手をつけずにいると、どんどんおいしさが失われていきます。それはお酒にもバーテンダーさんにも失礼なのですべきではありません。

もうひとつは、混んでいるお店のカウンターで読書する場合は長居するべきではない、です。カウンターはBARではとても人気がある席です。バーテンダーさんと話をしやすいし、純粋にカウンターで一人酒をしたい人など、その席を狙っている人はたくさんいます。ゆっくりと静かに集中して本もお酒も楽しみたい場合は、小さいテーブル席の方が良い場合が多いということを頭に入れておきましょう。

また、BARの照明は暗めであることが多いというのも忘れてはなりません。読書をしたい人は意外と多いので、そういう場合はカウンターから少し離れた席に読書灯が用意されていることもあります。

いずれにしても、読書をしながらお酒を楽しみたいのであれば、最初に「ゆっくり本を読みながらお酒を楽しみたいのですが」と伝えれば、的確な席に案内してくれるでしょう。

どのようなタイプのお店でもそうですが、他のお客様に迷惑をかける行為をしてはいけません。また、飲み過ぎて泥酔してしまうことがないようにも注意しましょう。限界ギリギリまで飲むのではなく、まだ余裕がある状態でサッと帰りたいところです。その点だけ気をつけておけば、ＢＡＲでの体験はきっと楽しいものになるはずです。そして自分にぴったり合う「人生を変えるＢＡＲ」に出会いましょう。

十九時間目

Lesson19

まとめ

蒸留酒を
ゆっくり楽しむには
BARがいい

最初のうちは
ホテルのBARで経験を積もう

お酒は自由に注文しよう
ただし、具体的に

わからないことがあったら
バーテンダーさんに質問する

BARでは
周りに迷惑をかけないことを
心がけよう

二十時間目

Lesson20

お酒の適量を把握しよう

BARでお酒を飲むときに気をつけたいのは、飲み過ぎです。どんなにお酒がおいしくても飲み過ぎてしまっては、気分が悪くなったり二日酔いになってしまうかもしれません。そうなると、楽しい気分が台無しですよね。

でも、BARに最初から行くのではなく、居酒屋で軽く飲んでからゆっくりBARで飲むということもあるでしょう。そうなると、いったいどのぐらいのアルコールを飲んだのか、わかりにくくなってしまいます。

そこで今回は、自分はいったいどのぐらいが適量なのかを把握する方法についてお話ししていきます。

お酒の単位を活用する

どんなにお酒が強い人でも限界はあります。自分の限界を超えて飲んでしまったら、気分が悪くなってしまいます。従って、自分がどれだけの量のお酒を飲むと気分が悪くなってしまうのかを知っておくことがとても重要になります。その量を超えなければ、楽しい気分のままでいられるからです。

限界を把握するのに活用したいのは、アルコールの1単位です。これは純アルコール20gを基準として、各お酒の量を把握するというものです。と、言われてもよくわからないと思うので少し詳しく説明していきましょう。例えばアルコール度数が40％のウイスキーを30㎖飲んだとします。ここに含まれているアルコール量は、30㎖×0・4＝12㎖となります。アルコールは水と比べて軽く、比重は0・8です。従って、重さで計算をすると12㎖×0・8＝9・6gがウイスキー30㎖に含まれている純アルコールになります。

こうやって、飲んだお酒の量にアルコール度数と比重をかけ算することで、純アルコール量を計算できます。これが20gになる分量をちょうど1単位として、飲んだアルコール量を把握するのです。

とはいっても、いちいち飲んでいるときに計算をするのも面倒です。そこで、各お酒がどのぐらいの量だと1単位分になるのか、目安がわかる表を用意してみました。（**表3**）

これを見てもらうとわかるように、ウイスキーはだいたい60㎖で1単位分となります。「シングル」と頼むと30㎖で出されるお店が多いので、シングルを2杯飲むと1単位分と覚えておくといいでしょう。「ダブル」だと倍の60㎖なので1杯で1単位分です。

この表の便利なところは、違う種類のお酒を飲んだ場合でも量を把握しやすいことです。たとえば「とりあえずビール」でジョッキ1杯のビールを飲んだ後に、ウイスキーを飲み始めたとしましょう。ビール500㎖で1単位分ですから、その後にウイスキーを2杯飲むと合計2単位分を飲んだ計算になります。

というわけで、普段よく飲んでいるお酒に関してこの表を覚えておくと、「ちゃんぽん」をしたときにどれだけお酒を飲んだのか把握しやすくなります。「ちゃんぽんで飲むと悪酔いをする」という話がありますが、これは正確には「ちゃんぽんで飲むと、気分が変わってつい飲み過ぎてしまう」ことから悪酔いをすると言われています。一昔前は飲んだアルコールの種類が醸造酒と蒸留酒では異なるので分解に手間がかかり、悪

お酒の種類	度　数	1単位あたりの酒量	目　安
ウイスキーなど	40%	60ml	ダブル1杯
焼酎	25%	110ml	0.6合
ビール	5%	500ml	中瓶1本
日本酒	15%	180ml	1合
ワイン	14%	180ml	1/4本
缶チューハイ	5%	520ml	1.5缶

表3

酔いになると言われていました。でも現在は、それは関係なく、純粋にアルコールの量が問題であるとされています。なので、何を飲んでも飲み過ぎなければいいのです。

例えば今日は3単位分を飲もうと思ったとしましょう。1件目の居酒屋で乾杯でビールを中瓶1本分飲んだ後に、日本酒を1合飲んだとします。この時点で2単位分ですね。そこからBARへ行ったら残り1単位分を飲めばいいとなるわけです。ウイスキー（アルコール度数40％）を最後の〆にしようと思ったら、ダブル1杯もしくはシングル2杯までにしておきましょう。

ただ、ここでちょっと難しいのはカクテルです。レシピがわからないと、どれだけのアルコールが入っているのかわかりません。ここは素直に、アルコールがどれだけ入っているのかバーテンダーさんに聞いてしまうといいでしょう。だいたいの量がわかれば、何杯飲めば1単位分になるかがわかります。

自分の適量はどのぐらい？

体重約60kg前後の平均的な日本人の場合、1単位分のお酒を30分以内に飲むと、アルコールを分解するのに約3時間かかります。2単位分だと約7時間です。翌朝にお酒が残らない、つまり分解できる量を「適量」と考えると、一晩に2単位分のお酒が基準となります。

もちろんお酒の分解速度には個人差がありますし、環境によっても異なります。体調が悪いと普段よりも少ない量で悪酔いをしてしまうこともあるでしょう。また、何故最初に体重を持ち出したかというと、体重が肝臓の大きさの目安になるからです。60kgよりも体重が重ければ、それに比例して肝臓も大きくなり、分解能力が上がります。軽ければ分解能力は下がります。従って、体重の軽い女性の方が適量は少なくなる傾向があります。

お酒に慣れていない人は、まず一晩で2単位分だけを飲んでみましょう。この量を飲んでも翌朝までお酒が残らず大丈夫だったら、標準以上の分解能力を持っていることがわかります。少しずつ酒量を増やしていき、限界を把握しましょう。もし2単位分でふらふらになったら、あなたは標準よりもお酒に弱い人です。適量は2単位分以下ということを覚えておきましょう。

水は飲んだ方がいいの？

ウイスキーを飲むときに出てくるチェイサーには、口の中をリフレッシュさせて次の一口をおいしくする効果があると共に、悪酔いを予防する効果があります。何故、悪酔いをしないのでしょうか。

ひとつは、脱水症状を防ぐことができる、です。お酒を飲んでいると、体内の水分がどんどん失われ、脱水症状になります。こう言われても不思議な気がしますよね。お酒にも水分が含まれているわけですから、そう簡単には水分不足にならないような気がします。ところがアルコールには利尿作用があり、さらにアルコールの分解や排出には大量の水分が必要です。そして汗や呼吸などを含めると、飲んだ以上に水分を失って脱水症状になってしまうのです。多くの人が二日酔いと思っている症状は、たいてい脱水症状が原因だったりします。特に、二日目にならないうちに気持ちが悪くなるような、飲んでから数時間以内の体調不良は脱水症状による頭痛だったりすることが多いのです。

もうひとつは、血中のアルコール濃度を下げて酔う速度をゆっくりにします。アルコール濃度が薄まることのメリットは、肝臓が一度に処理できるアルコール量の範疇に収まっていれば酔いにくいということが挙げられます。例えば肝臓が1秒ごとに10の量のアルコールを処理できるとしましょう。そこに毎秒8ずつのアルコールが送られてきたら、肝臓に届く片端から処理をすることができます。ところが、毎秒11ずつの量を送られてきたら、処理しきれなかったアルコールがどんどん溜まっていきます。こうして体内に残ったアルコールが酔っ払う原因となるという説があるのです。非常に薄いアルコールだったら、いくら飲んでも酔っ払わないということですね。

ではどのぐらいの水を飲めばいいのでしょうか。個人差はありますが、30㎖のウイスキーを飲んだら、一緒にチェイサーとしてコップ1杯以上、できれば飲んだお酒の10倍にあたる300㎖を飲みたいところです。

悪酔いしないコツはあるの?

自分の限界を見極め、水をたくさん飲むのが一番の対策法ですが、他にも悪酔いをしない飲み方があります。一番有名なのは、空きっ腹で飲まない、ということでしょうか。アルコールを飲むと、胃で20%、腸で80%吸収されます。このとき、胃や腸の中に食べものがあると吸収がゆるやかになります。これが、空腹時に飲むと急速にお酒が回る、という現象の正体です。

ちなみに吸収されたアルコールは血液を通じて全身へといきわたり、最終的に肝臓へ運ばれます。アルコールは肝臓でアセトアルデヒドに分解され、アセトアルデヒドはさらに酢酸に分解されます。酢酸は血液によって全身をめぐり、筋肉や脂肪組織などで水と二酸化炭素に分解され、体外に排出されます。このときに分解できないアルコールは約2%から10%ほどあり、呼吸や汗、尿として排出されます。お酒を飲んだ後は息が酒臭くなったりしますよね。あれは分解しきれなかったアルコールの匂いなのです。

効率良くアルコールを分解するためには一度に届くアルコール量を少なくするか、肝臓の働きを強化する必要があります。

前者では、非常に簡単な解決方法があります。それは「ゆっくり」「少しずつ」飲むことです。体に入るお酒が少しずつならば、無理なく分解できるのです。五時間目で学んだストレートの飲み方は、お酒を存分に味わうことができると共に、悪酔いしにくい飲み方でもあったのですね。

後者では、肝臓の働きを助けるウコンを摂取するのが代表的です。ウコン、英語で言うとターメリックは漢方の材料として古くから使われてきた歴史があります。胃の調子を整えたり（健胃薬）、胆汁を出すことを促したり、肝臓の働きを助けたりする効能があります。あくまで少し助けてくれるだけなので、これさえ飲んでおけばいくらでもお酒が飲めるようになるわけではありません。ちなみにウコンに限らずですが、どんな薬でも飲んですぐに効くわけではありません。しばらく時間がかかります。なので、お酒を飲む前に飲んで、体の調子を整えるのに使いましょう。

肝臓にいいとされているものには、「ヘパリーゼ」や「レバウルソ」に代表される「肝臓水解物」もあります。これは牛や豚の肝臓（レバー）に酵素を加えて加水分解し、固めたものです。肝臓に限らず、体の部位を動かすのに必要な栄養素はその部位に蓄えられていることが多いため、肝臓を摂取して働きの助けにするという仕組みですね。これは用法を守って飲むといいでしょう。

あと肝臓にいいものは、しじみでしょうか。こちらも肝臓の働きを助ける成分が含まれています。しじみにはそれ以外にも良質なタンパク質が豊富に含まれていて、ダメージを負った内臓にいいため、飲んだ後に摂取するといいでしょう。

そこまでやっても、悪酔いをしてしまうことがあります。そんなときは、寝るしかありません。たくさん水を飲んで寝てしまいましょう。

二十時間目

Lesson 20

まとめ

飲んだお酒の量を
把握することが大切

お酒の単位によって
量を把握しよう

水を一緒に飲むのが一番

二日酔いと思われている症状は、
脱水症状であることが多い

飲み方によって
悪酔いしない工夫もできる

Lesson 21

洋酒のイベントに行ってみよう

新たな洋酒と出会う方法は、BARだけではありません。開催されているイベントにいくつか参加してみましょう。知らないお酒がいろいろと並ぶイベントでは、いつも飲んでいる以外のお酒を試すチャンスがあります。

二十一時間目では、こういった洋酒のイベントについてお話ししていきます。

蒸留酒のイベントは少ない？

いきなりですが、蒸留酒のイベントはそれほど多く開催されているわけではありません。特に毎月、へたすると毎週のように日本のどこかで開催されているビールイベントや、居酒屋イベントも含めると相当数開催されている日本酒イベントに比べると、少ないと言っていいでしょう。

イベントは大きく2つに分けられます。複数のお酒をいろいろ楽しめるフェスティバル系イベントと、セミナータイプのイベントです。

フェスティバル系のイベントでは、入場料を払ってあとはいろいろテイスティングし放題（希少なものに関してはチケット制など制限があることも多い）です。ウイスキーのフェスティバルだったらさまざまなウイスキーを楽しめますし、ラムのイベントだったらとことんラムを楽しむことができるでしょう。普段飲んだことがないような、新しいお酒と出会うのにもってこいです。

セミナー系のイベントは、メーカーやBARなどで開催されるイベントです。どうやって飲むとおいしいのか、何と合わせて飲んだらおいしいのか、実践を交えながら教えてくれます。単なるセミナーだからそんなに飲めないのでは、と思う人もいるかもしれません。でもたいていのセミナーイベントでは、しっかりと飲めるだけの量が出てくるのでご安心ください。


まだ蒸留酒に慣れていないときには、セミナー系のイベントに参加するといいでしょう。この講義をここまで受けてきたみなさんならもうおわかりだと思いますが、蒸留酒は自由に楽しめるお酒です。でも、アルコール度数が高いため、何も考えずにぐいぐい飲んでしまうとすぐに酔っ払ってしまったり、しっかり味わえないお酒でもあります。蒸留酒という文化を100%楽しむためには、ある程度の教養が必要なのです。いわば「型」をセミナーイベントでは短時間で教えてくれます。型破りをするのは、一度型にはまってからの方がいいというわけですね。

フェスティバル系のイベントは、自由にお酒を楽しむには最高です。自分の知らないお酒にきっと出会えることでしょう。ここで注意したいのは、やっぱり飲み過ぎ。水をたくさん飲みながら、泥酔しないように楽しみましょう。蒸留酒オンリーイベントだけではなく、他のお酒と合同で開催されるものも多いです。例えば会場にはビールも日本酒もワインもウイスキーも焼酎もある、みたいな感じですね。酒販組合などが絡むイベントや、酒屋主催のイベントだと、このような多彩な種類を楽しめます。場合によっては、飲んだその場で買える、ちょっと業者寄りのイベントもあったりします。おいしいと思ったら買ってしまいましょう。

工場見学に行ってみよう

これはウイスキーが中心になってしまうのですが、メーカーが直接行っている工場見学があります。誰でも気軽に参加することができますし、普段は入れない工場内に入れるのは、それだけでちょっとわくわくしませんか。

お酒がどうやってできるかを生で見るのはとても楽しいです。特に、蒸留器であるポットスチルの美しさたるや！　ポットスチルの、特に蒸気を移動させるネック部分は形状がそれぞれ異なり、できあがるお酒の味わいに影響するというのも実際に見てみないとなかなか実感できません。工場見学とセミナーがセットになっているイベントだと、今見た設備でできあがったお酒を飲ませてもらえるので、よりおいしく感じること請け合いです。

工場には有料試飲ができるバーカウンターを備えているところもあります。そのメーカーの貴重なお酒までがほぼ原価で飲めるので、大変お得です。有料試飲バーカウンターは工場見学予約なしでも入れるところもありますので、確認してみるといいでしょう。

また、工場には併設で売店もあり、そのメーカーのお酒を買うことができるところも多いです。当たり前ですが、へたな酒屋さんよりもそのメーカーのお酒の品揃えは豊富ですので、見学ついでに買ってしまうのもいいですね。

イベントはどのタイプも楽しく、うっかりすると羽目を外しがちです。水をたくさん飲む、料理がでないイベントも多いのでその場合は事前に食べておく、そして一番大事な「寝不足の状態では行かない」を心がけましょう。

二十一時間目

Lesson21

ま と め

フェスティバル系の
イベントで
新しいお酒と出会おう

セミナー系のイベントで
得られる知識は多い

工場見学に行ってみよう

工場併設の
有料試飲カウンターや売店は
かなりおすすめ

イベントでは
周りに迷惑をかけないよう、
体調を整えておくべし

二十二時間目

Lesson22

お店で買うときはどうやって探せばいいの？

お酒を飲むときは外ではなく、家でじっくりと飲みたいという人もいるでしょう。そのためには、お酒を買う必要があります。

でも、これが難しかったりします。お金の問題ではありません。ちょっとお値段が高いものもありますが、そうではないのです。物が無いのです。かなり大きな酒屋さんか、専門に扱っているところじゃないと、洋酒の品揃えは豊富ではありません。この辺は、輸入が絡んでいるので仕方がない部分もあります。

地元に扱っている酒屋がない場合にはいったいどうやって買えばいいのでしょうか。見ていくことにしましょう。

洋酒は高い？　安い？

そもそも根本的に、蒸留酒が高いのか安いのかという問題があります。これは人によっては高いといいますし、別な人は安いという、ようは本人の考え方次第の面があります。例えば720㎖で6000円のウイスキーがあったとしましょう。同じ720㎖のワインや日本酒と比べると、若干高いと思うかもしれません。ビールの720㎖と比べたら間違いなく高いと感じるでしょう。

でも、これはアルコール度数の高いウイスキーです。一晩で全部飲み干してしまうような飲み方はしないでしょう。1回に30㎖ずつ飲むとしたら、24回分楽しむことができます。1日に60㎖ずつ飲んだとしても12日分楽しめます。そう考えると1日あたり500円で済むわけですから、安いと感じる人もいるのです。まさに、人それぞれですね。

高いお酒がいいお酒ではない

洋酒、というよりも嗜好品を買う上で覚えておきたいのは、高いものが必ずしも自分にとっていいものではないということです。高いお酒＝おいしいお酒というわけではありません。人の好みは千差万別です。必ずしも自分の好みと高いお酒が一致するわけではありません。安くても、自分がおいしいと感じればそれが自分にとっての最高のお酒なのです。

高いお酒は、蒸留酒の場合は熟成期間に関係しています。熟成は、ただ樽に入れて放置をしていればいいというわけではありません。周りの環境も整えなければならないのです。従って、熟成期間が長くなるほど場所も必要になるし人手も多く必要になるので高くなっていくのです。

従って、熟成感が強い方があまり好きではなく、どちらかというと香りもそれほど強くない若い荒々しいお酒が好きな人は、高いお酒よりも安いお酒の方が好きという傾向になるでしょう。

一番楽なのはインターネット通販

身も蓋もないですが、一番楽で確実なのはお酒の名前でインターネット検索をして、扱っているお店を見つけたらそこから通販することです。飲みたい銘柄がはっきりしているのであれば、これが確実です。

BARでいただいたお酒がおいしいので家でも飲んでみたいと思ったら、名前を教えてもらって家で検索をしましょう。また、友達にこれは君が好きなお酒だと思う！　と銘柄を教わっても検索をして購入すればいいのです。あとは待っていれば、お酒が家に届きます。なんてお手軽なのでしょうか。

一点だけ注意しなければならないのは、人気のあるお酒はプレミアム価格になっているものがあるということでしょう。ちょっと高いかなと思ったら、複数のお店を調べてみたり、定価はいくらかを調べてから買うようにすると失敗がありません。

デパートのお酒コーナーではミニチュアボトルが狙い目

洋酒は高級なお酒というイメージがあり、贈答用にもされますので、デパートのお酒コーナーにはある程度の種類を置いてあることが多いです。ただし、お酒コーナーの規模や、高級デパートか大衆向けデパートかによっても品揃えは変わりますので過度な期待は禁物です。

デパートのお酒コーナーで一番の狙い目は、ミニチュアボトルです。50㎖ほどのお酒が入った小さいボトルを置いてあるところが多いからです。もちろん中身はどれも本物なので、一晩か二晩で消費できる量が買えるのはありがたいのですね。だいたい1つ500円から1000円ぐらいで購入できますので、試飲にはもってこいなのです。万が一自分の好みに合わず失敗したと思っても、飲みきってしまいましょう。これが720㎖の瓶だったら長い時間そのお酒と格闘しなければなりませんが、ミニチュアボトルならあっという間に飲みきれます。

ちなみにデパートの案内図には、お酒コーナーの中身が書かれている場合だと「ビール・ワイン・日本酒・洋酒」のように書かれます。同じ洋酒でもビールやワインは独自のコーナーができ（特にワインは専用のワインセラーがあるところが多い）、ウイスキー・ブランデー・ラム・ジン・ウォッカなどは十把一絡げに「洋酒」とされているのです。

種類が豊富なディスカウント系の酒屋

下手するとデパートのお酒コーナーよりも品揃えが豊富なのが、ディスカウント系の酒屋や、ディスカウントストアです。これらのお店は規模が大きいことが多く、自然と洋酒コーナーも大きくなり、たくさん品が置いてあるのです。未開封ならどれだけ置いておいてもほとんど劣化しないため、一度にたくさん仕入れることで仕入れ価格を安くするというディスカウントストアに合っているお酒だからなのかもしれません。

もちろん店舗によって品揃えには差がありますが、それでも普通の酒屋やお酒コーナーよりも充実しているのはありがたいことです。特に、ウイスキー以外の洋酒、つまりラムやブランデーなどはディスカウント系の酒屋さんで探す方がいろいろな種類を見つけやすすいでしょう。

意外とコンビニでも購入することができる

お酒を扱っているコンビニエンスストアで洋酒を買うことができます。意外なことに、一種類だけではなく複数のウイスキーやブランデーを置いていることがほとんどです。ラムも扱っているところは少ないようですが、コンビニで見かけたことがあります。今後はもっと増えていくかもしれません。置かれているのは突出して高いものではなく、各メーカーの標準的な、飲みやすいタイプのものが多いです。

コンビニで売られているお酒で狙い目なのは、200㎖前後のスキットル（ウイスキーなどを入れる小型の水筒）サイズの瓶などです。720㎖サイズのものも売られていますが、200㎖や100㎖の瓶がお手頃価格で売られています。国産のものだと180㎖が、海外産だと200㎖が多いそうです。ミニチュアボトルだと物足りないという人は、こちらを買うといいでしょう。

あとは、コンビニでは缶のカクテルも手軽に買うことができます。

海外で買う

上級者編ではありますが、海外旅行をした際に現地で買うという手もあります。アメリカやヨーロッパではもちろん、アジア圏でも植民地だったところは何かしらの蒸留酒を造っていますので、それを買って飲んでみるのも面白いです。ただし、関税にはご注意を。

ＢＡＲの常連の中には、そうやって海外旅行時に手に入れたお酒をお土産として持って行く人もいます。それどころか、バーテンダーさんが海外へ買い付けに行くことがあります。そういうお酒の中には日本で取り扱いがなく、インターネット通販をしても手に入らないものもあったりするので要注意です。

もちろん近所に品揃えが豊富で、商品知識がばっちりある酒屋さんがあればそれにこしたことはありません。そういうお店が少ないからこそ、いろいろ工夫をする必要があるのです。もし近所にそういうお店があれば、お話を聞いて仲良くなりましょう。お酒の話だけでなく、イベント情報などを教えてもらえたりするかもしれませんよ。

二十二時間目

Lesson22

まとめ

洋酒が高いか安いかは、
考え方による

デパートでは試飲用の
ミニチュアボトルが狙い目

コンビニで気軽に
買うこともできる。
スキットルサイズであれこれ試そう

ディスカウント系の店は、
品揃えが良く
種類が豊富なことが多い

近所にいい酒屋さんがあれば、
仲良くなると
いろいろ教えてもらえる

二十三時間目

Lesson23

家飲みであれこれ試してみよう

無事に洋酒を購入することができたら、あとは家で飲むだけです。家で飲むときの最大のメリットは、誰からも怒られないということ。お店でやったら怒られるんじゃないだろうかという飲み方でも試すことができます。

二十三時間目では、一つのお酒をとことん味わうために、自由に楽しむ方法について考えていきましょう。

一つのお酒をさまざまな飲み方で飲んでみる

まずやりたいのは、一つのお酒をさまざまな飲み方で飲むことです。ストレートで飲み、オン・ザ・ロックスで飲み、トワイスアップで飲み、水割りで飲む。ソーダ割り（ウイスキーならハイボール）なども試してみましょう。まずは正統派な飲み方をとことん追求するのです。

特にやってみたいのは、水割りの水の量を変えること。1：2ぐらいがいいとされていますが、それよりも水が少ない方がおいしく感じるかもしれませんし、多い方がいいと思うかもしれません。これは試してみないとわからないことです。

どんなお酒でもいいので、ひとつのお酒とそうやって格闘することで得られる経験は非常に大きく、外で飲むときにもきっと役立つことでしょう。

チェイサーを変えてみる

十二時間目で少し話しましたが、本来は水がいいとされているチェイサーを他の飲み物にしてみるのも面白いです。

まずは炭酸水で試してみましょう。実は炭酸水をチェイサーにするのは、BARによってはやってくれるところもあります。口の中がシュワシュワして、水だけとはまた違った爽快感があります。トニックウォーターにしてみても面白いですよ。

ミルクや珈琲もいいですね。どちらも口の中を完全に洗い流すのではなく、余韻が残ります。その余韻と洋酒が組み合わさって、また新しい味わいになるのです。もちろん紅茶や緑茶でも試してみましょう。

ジュースをチェイサーにすると、カクテルではないんだけれども、なんかカクテルを少し飲んでいるような、そんな不思議な気持ちが味わえたりもします。

デザートにかけてみる

鉄板なのは、フルーツと洋酒の組み合わせです。家で食べるデザートに、ほんの数滴たらすだけでも風味が増しておいしくなるものがほとんどです。また、フルーツ漬けにしてしまうのも楽しいですよ。ウイスキーでも、ラムでも、ブランデーでも、フルーツを漬け込んでみましょう。梅酒にしても面白いです。

ちなみに酒税法によってアルコールに水以外の何かを加えるのは原則として禁止されています。新しいお酒を造ったことと見なされるからです。ややこしいですね。ですが、四十三条の11項に（抜粋）「酒類の消費者が自ら消費するため酒類と他の物品（酒類を除く。）との混和をする場合（中略）については、適用しない。」とあるため、自分で飲むためにお酒以外の何かを混ぜるのは大丈夫なのです。自家製梅酒もこの理屈で造ることができるのですね。安心してフルーツを漬け込んでください。

また、プリンやケーキに少しかけても風味が増しておいしくなる場合があります。色々と挑戦してみましょう。

グラスにこだわってみる

洋酒を飲むときにはグラスにこだわりたいところです。普段水を飲んでいるコップや、マグカップではちょっと気分が出ませんよね。洋酒は熟成によって醸し出された美しい色合いも味わいのひとつなのですから、ガラス製の透明な器で飲みたいものです。ガラスの酒器を選ぶ時は次の3つのポイントを頭に入れておくといいでしょう。

・アルコール度数の低いお酒やカクテルは大きめのグラス。度数の強いお酒や味の濃いお酒は小さめのグラス
・気軽に飲む場合は平底型が、格調高くムードを出すのなら脚付きグラスがいい
・透明であれば透明であるほどいい

水割りやハイボールを飲むのなら大きめのグラスを、ストレートやオン・ザ・ロックスで飲むのならば小さめのグラスを選ぶといいわけですね。これが理想ではあるのですが、

現実にはなかなかうまくいきません。例えば透明なクリスタルグラスのものは値段も高くなります。無理をしない範囲で買いたいところです。

グラスの形状でお酒の味が変わるのをご存知でしょうか。下が広がっていて上がすぼまっているグラスは、香りを外に逃がさない効果があります。洋酒では、この香りも味わいのひとつと考えているのです。だから、必ずと言っていいほど、そういうタイプのグラスではお酒をなみなみと注ぎません。香りがたまる空間を用意するために、全体の5分の1から4分の1ぐらいまでしか注がないのです。香りが味の一部であるならば、香りの量が多いか少ないかで味わいが変わるのも当然と思いませんか。実際、そうやって香りをためるタイプのグラスと、外側が開いていて香りをためないグラスで飲み比べをすると、同じお酒でも違った感想になります。

ひとつ持っていると便利なのは、小さめのテイスティンググラスです。下が膨らんでいて、上がすぼまっている。そういうタイプのグラスです。できれば中に入れたお酒の容量がわかるような線がうっすら入っているといいでしょう。飲んでいる分量がわかると、悪酔いもしにくくなるのは言うまでもありません。ストレートで飲むときに、香りを味わいながら飲むことができますし、他のグラスと飲み分けてみるのも面白いです。ちなみに私が愛用しているのは、サントリー山崎蒸留所の売店で買った600円のテイスティンググラスです。

家で飲むときには、自由に、何でも試すことができます。とことんお酒の味わいを追求するべくストイックに飲むのもいいし、適当に雑に飲んだって誰からも怒られません。そうやって自分にとって一番おいしい飲み方を探求するのも楽しいですよ。

二十三時間目

Lesson23

まとめ

買ったお酒で
いろいろな飲み方を
試してみよう

チェイサーを
水以外のものにすると、
新たな味わいを発見できる

フルーツにかけたり
漬け込んだりしてみよう

なるべく
透明度の高いグラスで飲もう

テイスティンググラスが
1つあると何かと便利

二十四時間目

Lesson24

洋酒の保存はどうしたらいいの？

いよいよ最後の時間になりました。最後にお話しするのは、買ってきた洋酒をどうやって保存すればいいのかについてです。

お酒に限らず、ほとんどの食品は時間が経つと変化してしまいます。密閉されているときは変化がゆるやかなのですが、開封すると味が変わったりするのですね。「開封後はお早めにお召し上がりください」というフレーズを目にしたことがない人はいないと思います。

では、洋酒も早く飲まなければならないのでしょうか。見ていくことにしましょう。

蒸留酒は基本的に変化しない

まず前提として、お酒に賞味期限はありません。特にアルコール度数の高い蒸留酒は腐らないため、実質的な賞味期限がないのです。

そして洋酒の、特に蒸留酒は非常にタフです。つまり、味がほとんど変わりません。これは、蒸留という工程を経ていることが大きいでしょう。簡単に言うと、長時間経つと変化しやすい成分が蒸留する過程で抜け落ちてしまうからです。

熟成をして味が変わっていくからこそ、12年物とか20年物があるのではと思った人もいるでしょう。この熟成期間は樽の中で熟成されている時間です。内側を焦がした樽の中で、樽の成分がお酒に溶け込む時間なのです。

ところが市販されている蒸留酒はガラス瓶に入っています。ガラス瓶からは、お酒に溶け出す成分はありません。従って、ガラス瓶に密封されている限り味わいはほとんど変わらないのです。12年物を買って家の中で8年置いておけば20年物と同じ味わいになるかというと、そうはならないのですね。

というわけで、飲みかけの洋酒を保存するときにはしっかり蓋をして、直射日光が当たらないところに置いておけば大丈夫です。

お酒の味が変化する要因は4つある

そうはいっても不安に思う人もいるでしょう。従って、お酒の味が変化する要因について見てみることにしましょう。

1 空　気

ワインや日本酒などの醸造酒にとって、一番影響が大きいのが空気に触れることです。特に酸素に触れて、成分が酸化することが大きいと言われています。なのでこれらのお酒は、開封して1日目、2日目と味わいが変化していくのですね。

蒸留酒の場合は、酸化する成分が少ないため、そう急激な変化は起こりません。どちらかというと、お酒に含まれる香り成分が揮発してしまうことの方が影響が大きいのです。蒸留酒の保存で一番大事なのは、この香り成分をいかに保つかであると言っても過言ではありません。従って、蓋を密封して保存をしておけば大丈夫となるわけです。単に蓋を閉めるだけで不安な人はサランラップなどを使って密封度を高めたり、専用の密封フィルム（パラフィルムといいます）を使うといいでしょう。

2 日　光

日光はお酒を変質させてしまう代表的なものです。特に紫外線が悪影響を及ぼします。

高級なウイスキーやブランデーが箱に入って売られているのは、その方が高そうに見えるからというだけでなく、光を遮断する目的もあるのです。また、多くのBARが日光の入りにくい構造をしているのも、お酒の劣化を防ぐためでもあります。

保存をするときは、絶対に日光が入らないところにしなければなりません。その上で、箱などに入れているともっといいでしょう。買ったときに箱がついているものは、そのまま箱に入れて保存するようにしましょう。

3 温度

温度によってもお酒は変化してしまいます。低温であればあるほど変化は少なくなり、温度が高いとそれだけ変化する速度が速くなります。とはいっても、醸造酒とは異なり、蒸留酒の場合は何がなんでも冷蔵庫に入れる必要はありません。常温で十分に保管できます。それよりも、急激な温度変化を避けた方がいいでしょう。家の中で涼しく、あまり温度変化がないところに保管してください。

4 振動

振動もお酒に悪影響を与えます。振動によって瓶の中の空気と混じり合ったり、お酒にダメージが加わるのですね。別に発泡性のお酒でなくても、なるべく安静にしておいた方が変化は少なくなります。

従って、頻繁に揺れるようなところではなく、静かなところに置くようにしましょう。

以上のことをまとめますと、なるべく蓋は密封をして、直射日光の当たらないところに、できるだけ箱に入れて、家の中で一番涼しいところに安置する。というのが保存に最適な方法となります。全ての条件を満たすのは難しいと思いますが、少しでも長くいい状態で楽しむためにも、なるべく頑張りたいところです。

とはいえどれだけ頑張っても、ほんの少しずつ味は変化していきます。これはもうどうしようもありません。従って、買ってきたお酒全てを楽しむ一番の方法は、なるべく早く飲んでしまうことです。「開封後はお早めにお召し上がりください」は洋酒にも言えるのですね。

二十四時間目

Lesson24

まとめ

お酒に賞味期限はない

蒸留酒はあまり変化しない

変化する要因は４つ
空気、日光、温度、振動

蓋を密封し、
箱に入れて涼しいところに
保管するようにしよう

「開封後はお早めに
お召し上がりください」
が一番の対策

コラム⑤

日本のBARはレベルが高い!?

日本のBARはとてもレベルが高い。そんな話を聞いたことがないでしょうか。でも実際、世界的に見ても非常にレベルが高いと思います。

いいBARの条件は、人によって違うと思います。でも、多くの人が好ましく思う条件の一つは、いい環境ではないでしょうか。清潔でないところではゆったりとお酒を楽しむどころではありません。美しいお酒が出てきても、グラスが汚れていたら台無しになってしまいます。その点で、日本のBARのレベルが高いことに疑いを持つ人は少ないでしょう。基本的に店内は綺麗ですし、バーテンダーさんも清潔にしている人がほとんどです。

二つ目の条件はお酒の品揃え。BARに行ったら、いろいろなお酒を楽しみたいものです。せっかく行ったのに、うちはビールが1種類だけで他のお酒はありませんし、カクテルもできません。と言われたらがっかりしちゃいますよね。もちろんそんなお店はありません。日本は世界中のお酒を扱っているし、輸入している国です。そのため、BARのお酒はかなりの種類がバラエティ豊かに揃っているのです。ただ種類が多いだけでなく、こだわりのラインナップを揃えているお店もたくさんあります。少し調べるだけでも、すぐに見つかるでしょう。

三つ目は、一番大事な「人」でしょう。バーテンダーさんの腕がいいか、知識があるか、そして何より店内を居心地良くさせているか、です。腕や知識に関しては、日本のレベルはかなり高いところにあります。国際的なコンクールで優勝したり上位入賞したりしている人はかなり多いのです。ちょっと想像してみて欲しいのですが、ほとんどのカクテルには正確な量が決められています。そういった細かい手順をきっちりと守る、正確性と完璧性において、日本の職人が高い評価を得ていることはそれほど不思議なことではないでしょう。さらには、おもてなしの精神によって、その人の好みに応じて少しずつ配合を変えるという繊細な心配りができたりもします。居心地については、個人の相性によるところもあります。こればっかりは実際に行ってみて、雰囲気がいいかで判断しなければなりません。ただ、不快な思いをさせられるところはそんなに多くないはずです。

いずれにしても、日本は世界に冠たるＢＡＲ王国といっても過言ではありません。ハズレに当たる確率はかなり低いことを念頭に入れて、今夜も新たなＢＡＲへ行ってみてはいかがでしょうか。

一杯に会いに行こう

ここまでいろいろな洋酒を飲んでみたけどお気に入りの一本は見つかりましたか？
あっあの
あれおいしかったです！
えーと
たしか透明のびんで赤いおじさんがいるやつ
洋酒の名前はなかなか覚えられないもの
わからん
せっかくなら記録を取ってみましょう
思い出せない
大事なのは
お酒の名前
と
おいしかったか
メモ
メモ
そして
飲み方
です
重要!!

The Last Chapter 卒業式 人生を変える

洋酒は経験するほどにおいしさがわかってきます
こんな味の感じ方してたんだ…
一回目の記録と二・三回目の記録を見くらべてみると味わいの感じ方の変化を見てとれます
ああっ名前メモし忘れた!!
そんなうっかりさんは
ラベルを写真に撮るのがおすすめです
ラベルを撮ってもいいですか？
かまいませんよ
撮影するときはお店の人にひと声かけましょう
フラッシュ厳禁!!
これで白熱洋酒教室はおしまいです
祝卒業
それでは「人生を変える一杯」に会いにいきましょう!!

卒業式

Graduation ceremony

人生を変える一杯に会いに行こう

二十四時間に渡っての受講、おつかれさまでした。全ての講義が終わったいま、洋酒を楽しむための素養が身についたのではないかと思います。

洋酒はとても奥が深く、時には今回の講義で聴いたこと以外の用語やお酒の話と出会うかもしれません。でも大丈夫。恐れることはありません。今までに学んだ知識を使えば、その内容を理解することができるはずです。

そして洋酒は経験値が重要なお酒です。どうしても話だけでは実感できない部分も多いでしょう。実際に味わってみてこそ、「南国のフルーツなどを想わせる芳香が甘く華やかなハーモニーを奏でます」のようなラベルの記述の意味がわかるのです。

さて、最後に卒業課題を出したいと思います。とはいっても、そう身構える必要はありません。課題はずばり「飲んだお酒を記録しよう」です。

洋酒は経験が重要

アルコール度数の高い蒸留酒は、その刺激によって最初のうちはなかなかうまく味わうことができません。ところが、同じお酒でも何回か飲んでいくうちに、だんだん細かい味や香りがわかってくるようになるのです。これが、経験です。

できればこの過程がわかるように記録をとると、より効率良く経験を積むことができます。例えばあるお酒を飲んだ時。最初はそれほどおいしいとは思わなかった。2回目に飲んだらちょっと味がわかって、おいしいと感じ始めた。3回目に飲んだときは今までと同じお酒とは思えないぐらいおいしかった！ということがあります。経験によって自分がレベルアップし、複雑な味わいがわかるようになっていくのですね。これを記録にとっていたら、1回目はこんな風に感じたけれども、今回は違うように感じるという、自分の成長が可視化できるのですね。

また、行きつけのBARができたとして、前回はこういうお酒を飲んだから今回はこちらのお酒を飲もう、ということもできます。同じお酒を掘り下げていくのもいいし、飲んだことのないお酒を積極的に飲んでいくのもいいのですが、記録をとっているとどちらの飲み方でも効率が良くなります。

あとは、あれです。正直なところ、洋酒は横文字が多く、名前を覚えるのが難しくないですか？　一度聞いただけ、見ただけでは覚えられなくても、記録にとっておけば安心できます。

重要なのは名前とおいしさ。できれば飲み方も

とはいっても、そうかしこまる必要はありません。誰かに発表するのではなく、自分用のメモとして記録をとるのです。「馥郁《ふくいく》とした中にオーク樽の香り。そして甘い花の香りも微かにする。口に含むとその花の香りがふわっと開花し、華やかさが増していく。口当たりは滑らかで……」みたいなことは書く必要がないのです。大事なことは「名前」と「それがおいしかったか」です。あとできれば、どう飲んだかの「飲み方」もです。

例えばあるスコッチウイスキーを飲んで、おいしいと思ったものの、少し物足りなさを感じたとしましょう。そうしたらBARでバーテンダーさんにこういえばいいのです。

「先日〇〇というスコッチウイスキーを飲んでおいしかったのですが、ちょっと物足りませんでした。もうちょっと香りが強いものはありますか」

洋酒はどれも種類が多く、そして味のタイプもさまざまです。好みのど真ん中にくるお酒を探すためには、こういう聞き方ができるようになるといいと思いませんか。そして、おいしかったとメモを残したお酒を見て、自分がどのような傾向が好きなのかを把握するのです。

そうはいっても、お酒を飲んでいる最中にメモをとるのはなかなか難しいことです。一番簡単な方法は、お酒のラベルを写真に撮ることです。これなら多少酔いが回っていても何とかなります。後から写真を見て、これはおいしかった、これは口に合わなかったと分類すればいいのです。もちろんBARやイベントで写真を撮るときには、お店の人に一声かけてからにしましょう。店内では他のお客様の迷惑になりますのでフラッシュは厳禁です。

こうして自分の好みの傾向を把握したら、積極的にお酒を楽しんでいきましょう。そうしているうちに、きっと「人生を変える一杯」に出会えるはずです。そうすれば「このお酒がおいしい」から「このお酒がすごくおいしい!」になり、ますます洋酒が好きになるはずです。

さて、これで白熱洋酒教室はおしまいです。長々とおつきあいいただき、ありがとうございました！　皆様の洋酒ライフが充実したものになれば、何よりもうれしいです。
それでは、人生を変える一杯に会いに行きましょう！

洋酒の、しかも蒸留酒はアルコール度数も高いし、お酒に強い人が飲むお酒だ。そんな風に思っていたことが私にもありました。それが一変したのは「人生を変える一杯」に出会えたからです。

本書は、その時の経験を元に、さまざまなお店や専門家の人に聞いたことをまとめた本です。私と同じように、蒸留酒はアルコール度数が高く自分には無理ではないか。横文字だらけで覚えることが多くて大変。興味があるけれども歴史も長いし、難しそう。そう思っていた人にこそ読んで欲しいと思い、書きました。いかがだったでしょうか。

本文でも繰り返し述べているように、昔は苦手だったお酒でも、経験を積むことで飲めるようになります。ただし最初は刺激が強く、どうしても慣れるまでに時間がかかる。これが蒸留酒がとっつきにくいことの原因の一つだと思います。そこで本書では、何故とっつきにくいのか、どうやったら飲めるようになるのか、効率良く経験を積むにはどうしたらいいか、好みのタイプを探すにはどうしたらいいかを中心に書くように心がけました。ウイスキー、ラム、ブランデーに関する基礎知識と、「飲み手」目線でのお酒の楽しみ方を中心にした、他にあまり類のない入門書になったのではないかと自負しています。

蒸留酒の世界はかなり奥が深く、複雑で、世界中に広がっています。例外も多いので、時にはこの本に載っていない事柄に当たることもあるでしょう。でも、本書で得た知識があれば、どんなお酒なのかを理解することはできると思います。また、本書で扱っていない蒸留酒を目の前にしたときでも、どう飲んだらいいのか、わかっていることと思います。

もちろん、人の好みは千差万別。このお酒がおいしいよ！ と言っても、全ての人が好きになるとは限りません。さらには、経験を積むことで好みが変わってくる可能性があるのが蒸留酒です。そうやって、ゆっくりと経験を積み、知識を深めながら、じっくりと楽しみつつ探していけば、どんな人にも最終的に好きになれるお酒が、世界のどこかにきっとあります。

この本は、非常に多くの人の協力で作り上げられています。特に、いろいろなお話を聞かせてくれて、最終的な原稿のチェックまで手伝ってくださったDining Bar SPEAKEASYの門倉規之《かどくらのりゆき》様、BAR CALVADORの高山寛之《たかやまひろゆき》様、ＢＡＲ花水木《はなみずき》の安部田裕之《あべたひろゆき》様、Shot BAR

ゾートロープの堀上敦《ほりがみあつし》様には厚く御礼申し上げます。お店で教わったことがなければ、本書は決して完成しなかったでしょう。また、さまざまな工場見学やセミナーに参加したときに数々の質問に答えてくださった方々にも御礼申し上げます。本当にありがとうございました。

そして、この本の制作に直接携わってくれた皆様にもこの場を借りて御礼申し上げます。相も変わらず素敵な漫画を描いてくれたアザミユウコさん、ギリギリまでこちらの要望に沿って修正をしてくださったデザインチームの吉岡秀典《よしおかひでのり》様と榎本美香《えのもとみか》様、読みやすい文字組をしてくださった紺野慎一《こんのしんいち》様、「日本の醸造酒の本を出したから（『白熱日本酒教室』もよろしくお願いします！）、今度は洋酒の蒸留酒をやってみませんか」と誘ってくださった編集担当の星海社平林緑萌《ひらばやしもえぎ》様。そして何より、イベントで応援してくださったり、本書を手に取ってくれた皆様。本当にありがとうございます。今度是非じっくりと落ち着いたところで、蒸留酒を一緒に楽しみましょう。

皆様が「人生を変える一杯」と出会えることを祈って、今日もまた杯を重ねたいと思います。

平成二七年九月末日　杉村啓

主要参考文献

- 古賀邦正『ウイスキーの科学　知るほどに飲みたくなる「熟成」の神秘』（講談社ブルーバックス、２００９）
- 輿水清一『ウイスキーは日本の酒である』（新潮新書、２０１１）
- 土屋守『新版シングルモルトを愉しむ』（光文社知恵の森文庫、２０１４）
- 根津清『「独りバー」はこわくない』（中公新書ラクレ、２００８）
- 福西英三『洋酒うんちく百科』（ちくま文庫、２０１０）
- トム・スタンデージ著　新井崇嗣訳
『世界を変えた6つの飲み物　ビール、ワイン、蒸留酒、コーヒー、紅茶、コーラが語るもうひとつの歴史』（インターシフト、２００７）
- 杉村啓『白熱日本酒教室』（星海社新書、２０１４）
- サントリー　http://www.suntory.co.jp/whisky/index.html
- ニッカウヰスキー　http://www.nikka.com/
- そのウイスキーをもう一杯　http://onemore-glass-of-whisky.blogspot.jp/
- 日本洋酒酒造協会　http://www.yoshu.or.jp/index.html
- 日本洋酒輸入会　http://www.youshu-yunyu.org/index.html
- 日本ラム協会　http://rum-japan.jp/
- フランス観光　公式サイト　http://jp.rendezvousenfrance.com/
- 酒税法（国税局内）　http://law.e-gov.go.jp/htmldata/S28/S28HO006.html
- ＢＮＩＣ　http://www.cognac.fr/cognac/_fr/2_cognac/index.aspx
- ＢＮＩＡ　http://www.armagnac.fr/

※その他、各お酒のメーカーなど、多くのｗｅｂサイトを参考にさせていただきました。

白熱洋酒教室《はくねつようしゅきょうしつ》

二〇一五年一〇月二二日　第一刷発行

著者　杉村啓《すぎむらけい》

発行者　藤崎隆《ふじさきたかし》・太田克史《おおたかつし》

編集担当　平林緑萌《ひらばやしもえぎ》

発行所　株式会社星海社
〒一一二-〇〇一三
東京都文京区音羽一-一七-一四　音羽YKビル四階
電話　〇三-六九〇二-一七三〇
FAX　〇三-六九〇二-一七三一
http://www.seikaisha.co.jp/

発売元　株式会社講談社
〒一一二-八〇〇一
東京都文京区音羽二-一二-二一
(販売)〇三-五三九五-五八一七
(業務)〇三-五三九五-三六一五

印刷所　凸版印刷株式会社

製本所　株式会社国宝社

アートディレクター　吉岡秀典《よしおかひでのり》(セプテンバーカウボーイ)
デザイナー　榎本美香《えのもとみか》
フォントディレクター　紺野慎一《こんのしんいち》
漫画　アザミユウコ
校閲　鷗来堂《おうらいどう》

ISBN978-4-06-138577-1
Printed in Japan

74
SEIKAISHA SHINSHO

56 白熱日本酒教室 杉村啓

今、世界一面白い酒は“日本酒”だ！

全国各地の蔵元の伝統と創意工夫、そして最新の醸造技術の結晶である日本酒は、日々進化し続けています。古い知識はおさらば！ 日本文化の最先端を、新しい知識とともに味わいましょう！

49 「学問」はこんなにおもしろい！ 星海社編集部

活きのいい若手教官による、「学問入門」！

憲法学・木村草太、海洋生命科学（ウナギ）・青山潤、経済・安田洋祐、マーケティング・松井剛。「もっと勉強しておけばよかった」と思う、全ての社会人のための「学び」の書！

17 オカルト「超」入門 原田実

ソ連への恐怖がUFOを生み出した！

オカルトとはただの不思議な現象ではなく、その時代の社会背景をも取り込んだ「時代の産物」なのだ！ “教養としてのオカルト”を、歴史研究家の視点から語る、最強の入門書！

SEIKAISHA SHINSHO

次世代による次世代のための

武器としての教養
星海社新書

星海社新書は、困難な時代にあっても前向きに自分の人生を切り開いていこうとする次世代の人間に向けて、ここに創刊いたします。本の力を思いきり信じて、**みなさんと一緒に新しい時代の新しい価値観を創っていきたい。若い力で、世界を変えていきたいのです。**

本には、その力があります。読者であるあなたが、そこから何かを読み取り、それを自らの血肉にすることができれば、一冊の本の存在によって、あなたの人生は一瞬にして変わってしまうでしょう。**思考が変われば行動が変わり、行動が変われば生き方が変わります。**著者をはじめ、本作りに関わる多くの人の想いがそのまま形となった、文化的遺伝子としての本には、大げさではなく、それだけの力が宿っていると思うのです。

沈下していく地盤の上で、他のみんなと一緒に身動きが取れないまま、大きな穴へと落ちていくのか？　それとも、重力に逆らって立ち上がり、前を向いて最前線で戦っていくことを選ぶのか？

星海社新書の目的は、**戦うことを選んだ次世代の仲間たちに「武器としての教養」をくばることです。**知的好奇心を満たすだけでなく、自らの力で未来を切り開いていくための〝武器〟としても使える知のかたちを、シリーズとしてまとめていきたいと思います。

2011年9月

星海社新書初代編集長　柿内芳文

SEIKAISHA SHINSHO